高等教育工业设计专业系列教材

构思·策划·实现
Conceive · Plan · Perform

产品专题设计

潘荣 李娟 编著

中国建筑工业出版社

图书在版编目(CIP)数据

构思·策划·实现　产品专题设计/潘荣，李娟编著.
北京：中国建筑工业出版社，2005
（高等教育工业设计专业系列教材）
ISBN 978-7-112-07218-7

Ⅰ.构... Ⅱ.①潘...②李... Ⅲ.工业产品-设计-
高等学校-教材　Ⅳ.TB472

中国版本图书馆 CIP 数据核字（2005）第 111718 号

责任编辑：李晓陶　马　彦　李东禧
正文设计：徐乐祥
责任设计：廖晓明　孙　梅
责任校对：刘　梅　李志瑛

高等教育工业设计专业系列教材
构思·策划·实现
Conceive · Plan · Perform
产品专题设计
潘荣　李娟　编著
*
中国建筑工业出版社出版、发行（北京西郊百万庄）
各地新华书店、建筑书店经销
北京二二〇七工厂印刷
*
开本：787×960 毫米　1/16　印张：10　字数：250 千字
2005 年 11 月第一版　2008 年 6 月第三次印刷
印数：4501—6000 册　　定价：38.00 元
ISBN 978-7-112-07218-7
　　　（13172）

版权所有　翻印必究
如有印装质量问题，可寄本社退换
（邮政编码 100037）

总 序

自1919年德国包豪斯设计学校设计理论确立以来，工业设计师进一步明确了自身的任务和职责，并形成了工业设计教育的理论基础，奠定了工业设计专业人才培养的基本体系。工业设计始终紧扣时代的脉搏，本着把技术转化为与人们生活紧密相联的用品、提高商品品质、改善人的生活方式等目的，在走过的近百年历程中其产生的社会价值被广泛关注。我国的工业设计虽然起步较晚，但发展很快。进入21世纪之后，工业设计凭借我国加入WTO的良好机遇，将会对我国在创造自己的知名品牌和知名企业，树立中国产品的形象和地位，发展有中国文化特色的设计风格，增强我国企业和产品在国际国内市场的竞争力等等方面起到特别重要的意义。

同时，经过20多年的发展，我国的设计教育也随之有了迅猛的飞跃，根据教育部的2004年最新统计，设立工业设计专业的高校已达219所。按设置有该专业的院校数量来排名，工业设计专业名列工科类专业的前8名，大大超过了绝大多数的传统专业。如何在高等教育普及化的背景下培养出合格、优秀的设计人才，满足产业发展和市场对工业设计人才的需求，是我国工业设计教育面临的新挑战，也是设计教育发展和改革需要深入研究和探讨的重要课题。

近年来，工业设计教材的编写得到了高校和各出版单位的高度重视，国内出版的书籍也由原来的凤毛麟角开始转向百花齐放，这对人才培养的质量和效果都起到了积极的意义。浙江省由于市场经济活跃、中小企业林立而且产品研发的周期较快，为工业设计的教学和发展提供了肥沃的土壤。浙江地区设置工业设计专业的高校就有20多所，因此，为工业设计教学的发展作出自己的努力是浙江高校义不容辞的责任。在中国建筑工业出版社的鼎力支持下，我们组织出版了这套高等教育工业设计专业系列教材，希望对我国工业设计教育体系的建立与完善起到积极的作用。

参与编写工作的老师们都在多年的教学实践中积累了丰富的教学心得，并在实际的设计活动中获得了大量的实践经验和素材。他们从不同的视点入手，对工业设计的方法在不同角度和层面进行了论述。由于本系列教材的编写时间仓促，其中难免会有不足之处，但各位编著者所付出的心血也是值得肯定的。我作为本套教材的组织人之一，对参加编辑出版工作的各位老师的辛勤工作以及中国建筑工业出版社的支持表示衷心的感谢！

潘 荣

2005年2月

编委会

主　编： 潘　荣　李　娟

副主编： 赵　阳　陈昆昌　高　筠　孙颖莹　雷　达　杨小军
　　　　　林　璐　李　锋　周　波　乔　麦　于　默（排名无先后顺序）

编　委： 于　帆　林　璐　高　筠　乔　麦　许喜华　孙颖莹
　　　　　杨小军　李　娟　梁学勇　李　锋　李久来　陈昆昌
　　　　　陈思宇　潘　荣　蔡晓霞　肖　丹　徐　浩　蒋晟军
　　　　　阚　蔚　朱麒宇　周　波　于　默　吴　丹　李　飞
　　　　　陈　浩　肖金花　董星涛　金惠红　余　彪　陈胜男
　　　　　秋潇潇　王　巍　许熠莹　张可方　徐乐祥　陶裕仿
　　　　　傅晓云　严增新（排名无先后顺序）

参编单位：

浙江理工大学艺术与设计学院

中国美术学院工业设计系

浙江工业大学工业设计系

中国计量学院工业设计系

浙江大学工业设计系

江南大学设计学院

浙江科技学院艺术设计系

浙江林学院工业设计系

中国美术学院艺术设计职业技术学院

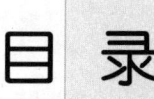

目 录

007~008 前言

009~020 第一章 产品专题设计的概念
第一节 引论
第二节 产品专题设计研究的意义
第三节 产品专题设计研究的内容与目的
第四节 成功专题产品开发的特点
第五节 专题产品设计与分类

021~044 第二章 专题设计关注的相关问题
第一节 设计思潮与设计
第二节 绿色设计与可持续设计
第三节 安全设计
第四节 专题产品设计的评价方法
第五节 适当设计
第六节 工业设计与市场
第七节 新产品设计的策略
第八节 专题产品设计的三种状态
第九节 设计的未来趋势

045~064 第三章 专题创新与设计问题的解决技巧
第一节 设计与创造力
第二节 文化的认知
第三节 设计的创造方法
第四节 创造设计的风气
第五节 亲身体验胜于一切虚拟与想像
第六节 动脑会议
第七节 原形创造是创新的捷径
第八节 培养异花授粉的能力

065~078　**第四章　专题产品设计要点**
　　第一节　把握时尚因素
　　第二节　协调功能与创意的矛盾
　　第三节　具有鲜明的个性特征
　　第四节　通俗易懂的语意表达
　　第五节　和谐的人机环境界面

079~104　**第五章　专题产品研究设计方法导入**
　　第一节　提出设计
　　第二节　制定计划
　　第三节　设计准备
　　第四节　设计定位与目标确定
　　第五节　具体设计展开
　　第六节　方案的传达
　　第七节　市场推广
　　第八节　改良专题产品实施方案与步骤
　　第九节　概念专题产品实施方案与步骤
　　第十节　市场调研内容与方法

105~147　**第六章　专题设计案例——学生手机设计**
　　第一节　设计课题分析
　　第二节　设计产品调研
　　第三节　设计概念导入
　　第四节　设计提案

148　　参考文献

149~160　**第七章　设计图例**

前　言

工业设计学科自20世纪70年代末以来在我国迅速发展，从一开始的仅从艺术造型、装饰的角度来认识，到以技术为主体的观念被业界普遍认同历经了十几年的转变过程。到市场经济萌发的90年代初，工业设计又从"以技术为主体"向"以人为主体"演变，随着国民经济的飞速发展和人民生活水平的不断提高，消费者也对我们的设计和企业生产的产品提出了更新的要求。当今，世界是呈多元化与个性化发展并存的时代趋势，人们在展望未来与设计未来的同时，更多的思索和研究的课题是怎样以和谐的步伐保证精神文明与物质文明的同步增长？怎样使产品满足物质和文化双方面功能需求？怎样使世界更好地成为符合人们生理与心理、科学与美学的和谐发展的理想环境？这一历史发展的必然性给工业设计学科创造了无限的生机。当产品进入市场后能否被市场接受和喜爱，是否能够满足与协调人们的生理与心理需求等问题的出现，就迫使企业在开发新产品时不得不客观地、科学地面对市场发展的规律，考虑如何有效地开发新产品并使其在激烈的市场竞争中找到自己的位置。同时，面对新形势下对产品设计的高要求，工业设计的人才培养模式与专业教学也迫于这一新形势的发展，正从传统的教学方式中蜕变，努力而快速地研讨新的符合社会实际需求的工业设计教学体系，是时代发展的必然。

本书正顺应了这一时代需求，作为专业基础教材，以专题产品为切入点，从产品设计的专项共性着手研究，探讨有关专题产品的设计思路，重点把握设计核心、设计的个性特色，并在导入设计的过程中寻找解决问题的方法，其目的在于培养我们的设计师具有更为正确分析问题和敏锐地把握设计的能力。设计没有一成不变的法则，它因人而异、因设计项目的不同又有其特殊性。因此，本书不可能面面俱到，只是介绍一些常规的方法，借此而希望读者由此及彼、举一反三，通过这些方法可以不断地在具体的设计实践中得到灵活应用。

本书在编写过程中得到唐智国、梁学勇、张可方、邱潇潇、陈胜男、许熠莹、王巍等各位编委的大力协助，他们为各章节作了大量的资料整理工作，为顺利完成此书付出了辛勤的劳动。同时，本书的编写也得到了省内外工业设计专家的支持，在此表示感谢！

作者

2005 年 6 月

第一章 产品专题设计的概念

第一节 引　论
第二节 产品专题设计研究的意义
第三节 产品专题设计研究的内容与目的
第四节 成功专题产品开发的特点
第五节 专题产品设计与分类

第一章 产品专题设计的概念

第一节 引 论

设计是一个大的概念，通俗地说是人类把自己的意志通过自然界以"物"为媒介，用于创造人类文明的一种广泛活动。工业设计专业的产生与发展是伴随着机械化生产的产品设计的需要而发展起来的一门新兴学科，其目的也是制器造物的一种形式，是在新的历史背景下以适应这一机器生产条件和满足社会发展中人的生理、心理需求的一种创造活动。

工业产品设计研究的重点是产品外观的造型设计及与之相关的设计内容。产品造型设计的视觉美感离不开人的审美情趣，好的产品造型设计更需要合理的工艺技术来实现。由此可见，工业设计师在开发产品的过程中，首先必须本着以人为中心，设计服务于人为目的的产品设计原则，充分发挥设计师的造型审美能力，才能创造符合人们审美情趣要求的产品设计。工业产品设计也必须以机械生产的技术条件为基础，针对生活导向和产品市场的激烈竞争，设计师需要展开深入研究，并不断探讨设计方法来调动最大的创造潜能，才能在具体的专题产品设计开发中获得优良的设计效果。工业设计师有别于技术发明的工程师，其职责是把技术合理地转化为人们的生活用品，在设计中注重和谐人、机和环境三个方面的关系。随着国际商品竞争的日益加剧，工业设计的内涵与外延在不断扩展，肩负的使命也不仅仅是创造美的产品形态，它在降低成本、提高产品品质和增强产品的市场竞争力等各方面的设计活动中越来越发挥着重要的作用，其创造的社会经济价值被企业广泛关注。

近年来，随着市场经济的发展与竞争突显的矛盾，企业在经济上的成功迫切需要一种能力，这种能力就是准确识别顾客所需，以较低成本迅速制造出符合市场实际需求产品的

第一章 产品专题设计的概念

能力。要达到这样的目标不仅仅是企业提高交叉团队共同开发产品的能力，也不仅仅是产品设计或制造的问题，它是一个包含产品全部内容的综合开发问题，在开发的具体过程中，就具体的产品项目，还需要进行专题性的研究才能准确设计出满足顾客识别所需的产品。

相对而言，产品专题设计是指围绕开发的具体产品展开的一整套设计活动。它包括发现市场机会、明确设计任务、设计具体展开、产品的制造、销售及运送到消费者手中等内容，并要求设计人员就专题产品的设计课题协同合作，其中特别是工业设计师在整个设计活动中所发挥的重要作用。

产品就是企业销售给顾客的用品，尽管作为企业开发产品的目的非常明晰，但是，在具体的开发过程中由于牵涉到使用者与企业自身开发能力等因素的影响，使其具有复杂性。工业设计师对专题产品的设计研究应本着从顾客需求切入，具体问题具体分析，充分运用工业设计理论知识，明晰设计任务，抓重点找突破，并发挥团队沟通的桥梁作用，使专题产品从无形到有形，设计方案能够满足消费者和企业二者的互动，才能有效地把握好专题产品的设计效果。本书的重点就是围绕专题产品设计开发过程中的具体内容进行论述，目的是使设计师能够在具体的设计过程中，以更快、更好、更准确的方式把握产品市场的实际要求和满足消费者审美需要的产品设计特征。

图1-1 为便于折叠、存储、使用的需要，以及由于城市规模的扩大，需要一种更为方便和省力的代步工具，于是自行车设计的新概念产生，"折叠型"、"电动型"的自行车相继投入市场，并满足了这一变化的市场需求。优秀的设计师应该始终保持对市场的洞悉，才能为人们的生活提供满意的设计

第二节　产品专题设计研究的意义

1．塑造产品外观造型质量是工业设计的直接任务

从某种意义上说，工业设计是赋予产品一个优美的物质外壳和视觉形象，实现功能和形式、技术和艺术的统一。为此，专题性产品设计应利用和调动工业设计诸多造型因素和审美原则，如技术、艺术、科学、美学、材料、工艺、心理、市场等等，来创造与产品功能高度统一的并满足消费者欣赏的外观形式，从而提高产品的市场需求与竞争需要。比如手机，其功能技术方面已相对稳定，而消费者对其外观设计却越来越重视。在近几年的手机市场上，新颖的造型、别致的款式，愈显竞争优势，成为手机市场的热点。又如服装，其款式已压倒布料和价格成为消费者最关心的外观因素之一。家具、家电、玩具、交通工具等产品无不如此。

2．塑造产品审美质量是工业设计魅力的根本所在

产品的美应包括功能美、人机美、环保美、节能美等。产品的视觉美与产品的造型是分不开的，造型是视觉美的基础。改进和创造产品用途，是工业设计提高产品应用的基本要求；合理、新颖、方便、舒适等功能的设计应用，是创造功能美的核心；选择最能实现功能的材料，采用先进的生产工艺，并科学合理地加以利用是材质美、工艺美的追求；利用色彩表现原理，综合运用材料、工

图1-2　虽然企业不同、生产的产品也不同，但相同的是企业都会以"高时尚"、"高品质"和"高技术"的概念来定位产品设计以创造各自产品的卖点。企业都希望能通过设计新颖的造型、别致的款式来吸引消费者，寻找自己在竞争中的位置

艺、几何图案、文字等,进行装饰创意设计是达到产品装饰美、色彩美的前提。工业设计在人机工学理论的指导下创造人机关系的高度和谐,达到人机美,并按绿化环保原则的要求,在技术许可的条件下(尤其是绿色环保技术),慎重选材、改良工艺,避免人身伤害,清除废气、废渣等废物污染,保护消费者人身健康和生态环境,是绿色环保美的重要内容。另外,节能、除臭、轻便等也是构成不少产品审美质量的重要因素,是需要自觉利用工业设计解决好的新课题。

综上所述,塑造专题产品的审美质量,关系到产品的各个方面,需要运用工业设计的综合技能在具体的设计过程中总体把握。

图1-3 服装作为产品设计类别的一个重要部分,与人们的生活息息相关。它的发展变化与时代密切关联,也充分反映了政治、经济、文化和技术的变化,它几乎是现代文明发展的一个"符号",不断演绎着人们对社会经济文化发展的趋向。无论是服装产品还是其他产品设计,运用综合技能创造产品的审美质量,是人对高品位质量追求不可违背的设计定律

3．注重人与产品之间的和谐可以增强产品的宜人品质

产品是为人使用而设计的。人对产品除对功能、审美要求外，还有方便、舒适、亲和、安全等要求。产品专题设计必须遵循人机工程学原理，并在具体的设计过程中充分考虑人和产品的和谐，如操作的把柄、按键或使用的座位等的方便性和人的视觉、嗅觉、触觉、听觉等方面的舒适性等等，其目的都是围绕人与产品之间创造出亲密和谐的关系。

产品设计在人心理上反映的亲切和谐感，也就是我们常说的人性化表达。现代产品设计人性化表达已成为标志产品品质的重要内涵之一，尤其是在当今激烈的市场竞争中，其对提高产品的竞争力起到了不可忽视的重要作用。如家具、汽车等产品在人机设计上都要求在使用方面获得舒适感和亲和感，并且产品无论是在操作上或者是人与产品相处时，其减少疲劳、增加愉悦、减轻精神压力、提高工作效率等方面在人机工学知识的应用都反映出创造产品宜人品质的重要意义，也是突出产品卖点的有效方法。

图1-4　从"发生学"的视角观察产品，我们不难看出以上两件产品的使用特征。可以这么说："好的产品就像是在叙说它与人之间的一部和谐的生活故事"

第三节　产品专题设计研究的内容与目的

1．产品专题设计研究的内容

产品专题设计作为实现和满足市场需求的重要创造活动，它对产品内在质量和外观质量有着全方位的决定和影响作用，因此，我们在做产品专题课题时，应在以下三个方面作探索性研究：

（1）以商品概念为核心是专题产品设计的目的。首先要研究市场变化背景下的消费者实际需要与潜在需求的导向，明确研究课题的方向与目的，并建立生产营销商与特定消费群体之间的互动关系，是实现所开发的专题产品转化为商品的前提。

（2）关注专题产品设计的相关问题，是以最经济的设计产品来满足生产营销商赢得最大利润和提高产品的市场占有率，以消费群体公认的且生产商能够满足的美来赢得消费者的芳心，是体现设计合理和保证产品实现为商品的核心。

（3）寻求一种有效的设计途径和解决问题的方法，针对不同的专题产品进行综合研究，掌握其设计的内在规律和独特的设计形式，是做好专题产品必备的能力。

2．产品专题设计研究的目的

（1）通过专题产品设计的学习与研究，可以针对不同产品快速导入设计，加快产品研发周期和提高设计效率。

（2）通过专题产品设计的学习与研究，可以针对具体产品建立有效的设计评价基础，快捷、准确地把握产品设计的方向。

（3）通过专题产品设计的学习与研究，可以有针对性地开发产品，把握专题产品设计的内在规律，并可以建立起有效的设计管理机制。

（4）通过专题产品设计的学习与研究，可以进一步认识、

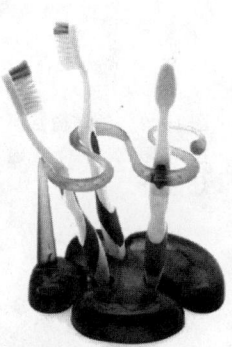

图1-5　产品设计的好坏与否不在于大小、难易，关键在于其生成产品的商品必然性、设计的巧妙性和实现产品技术生产的可能性。如图所示的牙刷架（韩国），设计轻巧、构思巧妙、功能得当、加工简便，对于现代三口之家会有很好的卖点

理解和掌握产品设计的法则,并从实际出发,以务实求真的设计思路,更全面地把握设计的审美、文化、技术、市场和能源等一系列要素之间的关系,使设计更趋于合理、完善以满足市场需求。

第四节　成功专题产品开发的特点

专题产品开发的成功在于它既满足了消费者的实际需要,又使得投资者可以从中获得利润。通常情况下,针对产品开发的成功与否,需要在专题产品开发的过程中不断进行评估。评估的重点应放在消费者和企业两方面的利益上共同考虑。下面是常用于评估一项专题产品开发成功可能性的六个方面:

(1) 市场潜力——消费者是主导市场的主体。专题产品的市场潜力在于是否满足了消费者需要,是否在设计中考虑了符合消费者切身利益的各个方面,如消费者在购买产品时的承受能力。只有能够卖得出去的产品才是一件成功产品。

(2) 产品质量——产品有什么独特性与优越性?为消费者提供了什么样的需要或服务?产品的强度与可信度怎样?产品的功能与质量直接反映消费者对产品评价的社会信誉度,而信誉度是保证专题产品开发成功首先必须解决的问题。

(3) 产品成本——一般是指产品的制造成本,它主要包括在资本设备、工具的花费与生产每一单件产品所增加的成本这两个方面。产品的制造成本决定了企业的特定销售量和在特定的销售价格中获得的利润。相对产品制造的成本越低其在市场上的竞争优势就越明显。

图1-6　浙江盈谷科技有限公司的电磁灶设计

（4）产品的审美效果——影响产品的视觉美感是多方面的，其包括功能美、人机美、环保美、节能美等，同时，审美标准具有明显的时代特征。随着人们对审美要求的不断提高，产品的视觉美感已成为促进销售和提高产品附加价值的重要因素，也对提升产品的总体品质起到积极的作用。

（5）开发时间——新产品的研发速度越快，占有市场的几率就越大。一般新产品的设计开发周期都需要一个从研发到投入市场的过程，当新产品研发的难度过大而影响投入市场时间时，那么新产品的研发，就不得不放弃某些研究的技术难点来确保新产品的开发时间。占领市场先机对于新产品的产品识别与市场认同有着不可低估的作用。

图1-7　产品不仅仅是反映优美的视觉效果，更需要明确设计的功能。上图这一环境中的产品具有双重的使用功能，集家具功能和分割环境空间的功能作用于一体

（6）开发成本——产品的开发成本是指具体开发某一产品所花费的人力时间及所需的工具与设备进行的投资。一般来说，开发成本都要列入未来产品固定成本中，由此可见，专题产品的开发成本越高，就越影响未来产品在市场的竞争力。

（7）开发能力——产品设计是一个系统工程，组成的设计团队需要相互配合，也需要很好的团队精神及匹配得当的人员，可以说设计团队的强弱直接影响新产品研发的时间和质量，它集中反映了企业对具体新产品开发能力的体现。一般情况下，团队会出现以下几个实际问题需要特别关注：

1）设计团队缺乏授权责任——设计负责人置身于开发项目细节上的持续干预，而忽视对于开发过程的整体决策，可能导致团队成员之间任务不明确和整体协调不清晰。

2）新产品研发的资源不充分——设计人员缺乏、技能和水平不等，团队缺乏交叉职能代表，或缺乏资金、设备和工具材料等条件，都将影响开发任务的完成。

构思·策划·实现
Conceive·Plan·Perform

3）超越项目目标——市场营销、设计或制造代表为提高自己在项目开发中的地位和作用，很可能会在不考虑产品目标的情况下对产品施加影响，这往往是导致产品研发失败的原因之一。

第五节 专题产品设计与分类

1．生活形态的研究

随着社会向高层次多元化发展，人们的价值取向与需求发生了根本性的变化。人们价值观的变化和人的天性的需求都要求社会能提供比以往更好的生活方式、生活环境和生活质量，要求有更好、更多、更新、更美的产品来充实新的观念，这就造成了市场由卖方转向买方并不断促使企业在产品设计的形式上找突破口。当今的社会是个性化产品的时代，人们要求自己使用的产品能表现自己的个性追求和生活态度。由于每个人的生活阅历不同，所以每个人的生活方式和喜好也不一样，有的倾向于环保型产品，有的倾向于豪华型的，有的倾向于自然化的，有的则倾向于实用的等等。那么作为一个设计师，在面对同样的产品功能、同样的技术条件，怎样通过不同的艺术造型风格，不同的色彩搭配来创造不同的产品形象以满足不同人群的需求便显得更重要了。因此，专题产品设计应通过对生活形态的研究，合理地把握产品设计的个性化、多样化，是设计师满足不同层次的人的欣赏情

图1-8～图1-10
华硕针对产品的市场区隔，将投影机设计分为轻松的、个性的、严肃的、家用的和商务用的图表分析，从而明确了开发此类产品明确的设计概念定位

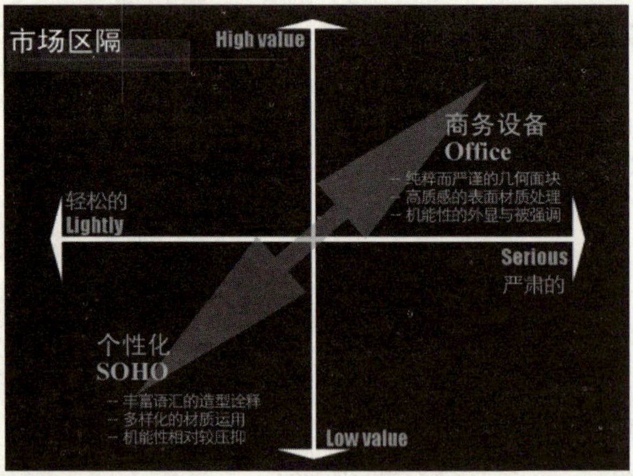

图1-8

趣和生活方式需求的设计良方。

2．专题产品的市场细分

（1）按产品的基本类别进行分类：

专题产品的基本类别大致分为纺织产品、日用产品、信息电子产品、文化用品、体育用品、交通工具、机械生产设备、医用设备、军事用品、航空用品和环境设施等。

（2）按产品的层次进行分类：

专题产品按层次大致分为以价格和质量为标准的高、中、低档三类及以年龄层次为依据分的老年用品、成人用品和儿童用品三类。

（3）按产品的属性进行分类：

1）按性别不同分为两类，即男性用品和女性用品；2）按消费者不同的文化结构和对产品的使用要求分为傻瓜型和智能型两类；3）按产品不同时代的品位需求又可分为传统型和现代型两大类；4）按各民族不同的审美情趣与需求产品又可以细分为民族特色和国际特色两类。

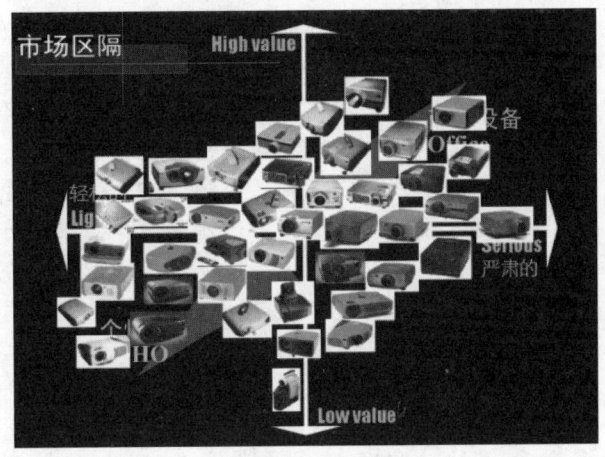

图1-9

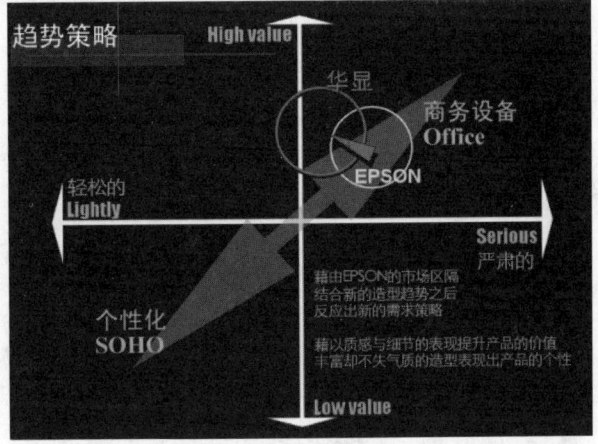

图1-10

5）按产品的市场区隔又可

以分为轻松的、个性的、严肃的、家用的和商务用的五类。如图1-8～图1-10。

不同的专题产品对设计有不同的要求。纺织品设计要求通过潮流分析、营销研究与全球市场分析，并根据季节、材料精度、纺织结构、装饰主题、色系和修整细节等方面开发新产品。日用品设计要求充分应用审美设计理念，注重产品的文化品位与环保意识，并充分考虑产品对大众的实用性与社会效益。电子产品的功能性和时尚性非常强。文化用品设计要求美观、新颖、精致、实用。体育用品设计在中国不仅要求舒适、耐用、时尚、前卫，更多的是中国文化对"运动"一词的独特理解。交通工具设计要求其具有安全性、快捷性、时尚感等。

总之，针对某专题产品的设计，通过前期的设计调研，首先需要对该产品的分类与属性进行合理分析，才能明确设计的方向与定位，对把握后期的设计有着直接的指导作用。

名师点评：培养设计师拥有一双什么样的眼睛？
　　南京艺术学院设计学院院长　　何晓佑

设计师的眼睛之所以与常人不同，主要是体现在对问题的敏感性与把握能力上，其能力应体现以下六个方面：观察问题的能力、发现问题的能力、分析问题的能力、提出问题的能力、研究问题的能力、解决问题的能力。

爱因斯坦说过："提出一个问题往往比解决一个问题更重要，因为解决问题也许仅是一个数学上或实验上的技能而已，而提出新的问题、新的可能性，从新的角度去看旧的问题，却是创造性的想像力，而且标志着科学的真正进步"。

第二章　专题设计关注的相关问题

第一节　设计思潮与设计
第二节　绿色设计与可持续设计
第三节　安全设计
第四节　专题产品设计的评价方法
第五节　适当设计
第六节　工业设计与市场
第七节　新产品设计的策略
第八节　专题产品设计的三种状态
第九节　设计的未来趋势

第二章 专题设计关注的相关问题

第一节 设计思潮与设计

在工业设计产生和发展的一百多年短暂历程中，曾交替出现过许多不同的设计思潮，而各种思潮的出现所形成的审美现象对具体的产品造型设计的展开与深入起了关键的作用和影响，随之形成的产品风格也具有显著的时代特征并反映了不同思潮对设计的思考。回顾历史我们可以清晰地感受到交替出现的设计思潮它不是偶然出现的一种现象，而是对设计的不断重新审视和完善，并不断在理论与实践上推动设计的发展。

产品专题设计是对某一具体产品进行的设计与开发，要求设计的外观形态和内在功能既要满足消费者对实际使用功能的需求，又要符合时代的审美情趣，否则生产制造的产品不可能满足人们的实际需求。因此，当设计师着手一项产品设计时，如何把握产品的功能、外观形式及消费者的审美价值，是设计不可忽视的重要方面。从新产品设计获得成功的案例看，成功开发的新产品往往是建立在老产品或类似产品设计的审美基础上，以及对未来产品的准确预测并加以设计，其中特别应注重的是准确把握产品的发展趋势与时代的审美特征。可见，优秀的工业设计师不仅要具有敏锐的设计思维，而且还要掌握好各时期产品设计审美思潮对设计起指导作用的理论知识，这样才便于在具体的产品开发过程中有效地控制设计的审美效果。 分析和掌握设计思潮，就是让我们在针对具体的专题产品设计过程中，能借助产品的审美思潮和历史沿革进行仔细的分析，并通过分析和研究获得未来产品设计的发展思路与灵感。以下将最有代表性的几种设计思潮作简要介绍，以供参考。

1．现代主义

现代主义设计思潮的形成不是偶然的，20世纪初，正当工业革命的迅速发展使产业认识并着手酝酿设计的标准化和合理化的同时，欧洲大陆艺术界也正在兴起一场新的艺术运动，如立体派、未来主义、风格派和构成主义等。虽然这两者之间表面上并没有什么直接的联系，前者是现代产业革命的结果，后者是基于寻求一种新的艺术表现形式。但是，两者在价值观和美学上的探索有着惊人的相似，譬如新艺术强调艺术的社会功能，试图客观的甚至在科学的基础上创造和理解艺术等，并有相当一部分艺术家开始从事建筑和工业产品设计，正如同时期著名的建筑师、设计师和教育家格罗皮乌斯所倡导的"艺术家必须学习如何去直接参与大规模生产，而工业家也必须认清如何去接受艺术家及艺术家所能产生的价值"，为此，他设想建立一所与产业界具有密切联系的学校，希望"创造一个能使艺术家接受机械……"的设计学校，于1919年创建了包豪斯学校。德国包豪斯的理性思考在当时崇拜狂热梦想的设计领域中引起了轩然大波，它引发的强烈冲击波震撼了整个设计界并深刻地影响了人们的生活。这种被后人称之为"现代主义"的理性主义代表了当时工业设计的最高水平，"后现代主义"、"有机现代主义"都是以它为参照物的衍生物。包豪斯从抽象美学所体现出来的严峻、简练、少装饰成为人类社会进入工业时代后，以机器生产，强调功能主义的一种新的审美水准的象征。

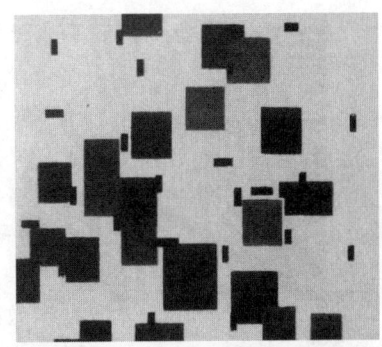

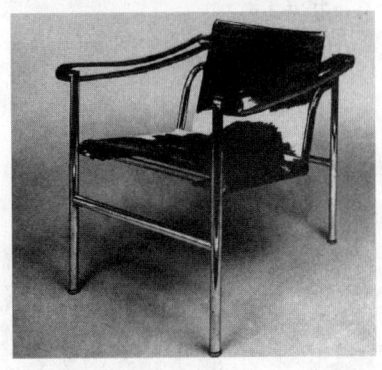

上图2-1　蒙德里安的色彩构成A，1917年布上油画

下图2-2　勒.柯布西耶设计的钢管躺椅，反映了他对"机器美学"的颂扬

现代主义反对沿用传统的式样和装饰，主张创造新的形式，从而突破了当时历史主义和折衷主义的局限，开辟了新材料、新技术和新的功能要求在设计中的应用，崇尚以机器隐喻的"机器美学"，即是用类似几何的形态来象征机器的理性和抽象的视觉美。现代主义对几何形态的过度追求，也导致了新的形式主义，从而使早期的现代主义先天不足，导致了后来的后现代主义设计的发展与延伸形成了必然的发展趋势。

2．有机现代主义和新现代主义

设计的发展也反映了哲学辩证法否定之否定的规律，设计的不同思潮也是以一种螺旋上升的方式在变迁。人们厌倦了现代主义的冷漠，20世纪50年代以斯堪的纳维亚设计为代表的"有机现代主义"以其非正规化、人情味和轻便、灵活的特点开始兴盛。从设计风格的角度而言，斯堪的纳维亚设计依然是功能主义的表现形式，但它不是包豪斯时期的那样严格和教条，设计经常采用被柔化了的几何形式，僵直的平面形式常常被赋予"人情味"的有机形而取代。产品的色彩处理不再受20世纪40年代构成主义的高纯度的原色影响，变化成调和的中性和灰色色彩。同时，设计开始注重使用天然材料以保持产品表面的纹理和质感，在普遍的怀旧思潮影响下，注重民族传统手工艺的价值和现代设计的结合，体现了当时人民对于生活的态度。

20世纪60年代由于战后经济的快速发展，商业机构与办公空间激增。西方一些国家出现了一种与20世纪30年代的早期现代主义风格极为相似的设计风格，被称为"新现代主义"。新现代主义推崇几何形式和机器风格，更注重几何形式的抽象美和高品位。从侧面看这和社会发展，商业办公机构的有序、冷漠、严肃的品质有很大的关系，从中也可以看到社会、文化、经济对设计的强大影响。

新现代主义风格的设计主要表现在家具的设计上，尤其是办公家具的设计。其家具的材料倾向于采用钢管和表面为素色的材料，在设计上趋向于几何形式，这种风格以英国最为典型，如成立于1966年的青年设计机构OMK工作室的办公家具设计，OMK的设计比早期现代主义风格的钢管家具更强调金属反光的冷漠感。

上图2-3　汉斯·华格纳设计的扶手椅，1949

下图2-4　英国OMK工作室的办公室设计，代表了新现代主义风格的典型特征

3. 激进主义

具有反叛动机的激进主义是现代主义对立的一个概念，激进主义设计认为理性主义是对人性的一种束缚，它的设计准则是浅薄、新奇、时髦等。孟菲斯是其中最著名的设计团体，其宗旨是设计的目标不是产品本身，而是一种新的生活方式。他从感性的人文角度出发进行设计，有意地从产品的各个方面打破常规，以乐观、喧闹的态度直面人生。设计不是单纯一味地以此为目的，许多孟菲斯作品中都蕴涵着强烈的生命寓意，从其作品中常常可以看到一些生命的灵性。所以设计师的设计不是肤浅随意的，而是经过了复杂思考的。

4. 高技术风格

高技术风格首先是从建筑上开始的。1977年，英国建筑师罗杰斯设计的巴黎蓬皮杜文化中心，采用了完全暴露的构造方法，把工业建筑、工业构造作为一种设计语言用在建筑中，成为一种重要的建筑美学符号，在当时引起了很大的争议，但是作为一种新的设计风格和新的美学观念，高技术风格不仅从此被接受，而且也形成了具有相当影响力的设计思潮。高技术风格在工业设计上的主要手法是将工业技术引入到日用产品设计上来，其设计特征是运用精良的技术结构、讲究的现代工业材料和现代先进的加工技术，并加以夸张处理形成一种符号效果。我们不能简单地把它看作是理性科学的体现，应该说它是在感性的美学理论上大胆地夸张高新技术，它对日新月异的高新技术表现出极高的乐观和崇拜。有机现代主义是探索如何使现代主义的冷漠、刻板更具情趣和人情味以使其更适于有血有肉的人。而高技术风格则认为人应该抱着对高新技术无比乐观的态度去适应高新技术及其深远的社会影响。高技术风格在反传统、纯技术方面走向了"极限主义"。

上图2-5 孟菲斯风格作品，烤面包机（模型）1986年，约尔格·西罗莫斯设计

下图2-6 孟菲斯代表作——圆桌 1983，日本，SHIRO KURAMATA

左图 2-7　曾被认为是高技术风格典型代表的巴黎蓬皮杜文化中心

中图 2-8　挪威，托里斯坦·尼尔森以诙谐手法设计的"图腾"椅，其表现的形式被称为"过度高技术风格"

右图 2-9　闻名于世的苹果电脑，现代高科技与艺术的完美结合

5．极少主义

极少主义是 20 世纪 80 年代极为流行的一种风格。在设计风格上，后现代主义追求过度丰富的理论同样受到了质疑，而朴素的美学观既含有理性的思想，又有强烈的感性因素。中国古代文人郑板桥在诗中就写到"一两三枝竹竿，四五六片竹叶，自然疏疏落落，何必重重叠叠"，体现了"少就是多"的审美价值观。20 世纪 80 年代后期以来，极少主义从众多流派中脱颖而出，它与现代主义相比更加强烈地追求感性精神，它不仅是一种设计风格，也是一种生活方式。物质享受为中心的价值观被舍弃了，物欲被淡化了。极少主义追求清心寡欲以换取精神上的高雅与富足。这种思想与靠消费支撑起来的资本主义经济秩序是格格不入的。实际上，极少主义是一种极端的形式主义，它将一些其实必要的部分功能都进行了简化，这也给使用者带来了很多的麻烦，而且其极端的追求有时也很难实现或造成成本昂贵。

左图 2-10　极少主义风格作品"M"桌，1985 年法国菲利普斯·斯塔克设计

右图 2-11　折叠桌，1982 年法国菲利普斯·斯塔克设计

 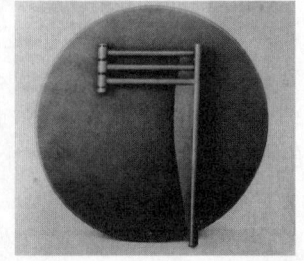

第二节　绿色设计与可持续设计

绿色设计源于人们对于现代技术文化所引起的环境及生态破坏的反思，体现了设计师的道德和社会责任心的回归。在很长一段时间内，工业设计在为人类创造了现代生活方式和生活环境的同时，也在无意之中加速了资源的消耗，对生态平衡造成巨大破坏。

绿色设计着眼于人与自然的生态平衡关系，在设计过程中的每一个决策都充分考虑到环境效益，尽量减少对环境的破坏。对工业设计而言，绿色设计的核心是"3R"，即Reduce、Recycle和Reuse，不仅要尽量减少物质和能源的消耗，减少有害物质的排放，而且要使产品及零部件能够方便地分类回收并再生循环或重新利用。绿色设计不仅是一种技术层面的考虑，更重要的是一种观念上的变革，要求设计师放弃那种过分强调产品在外观上标新立异的做法，而将重点放在真正意义的创新上面，以一种更为负责的方法去创造产品的形态，用更简洁、长久的造型使产品尽可能地延长其使用寿命。同时也需要消费者有自觉的环保意识，以及政府从法律、法规方面予以推进。其中，设计师起到了关键的作用。

与绿色设计密切相关的另一个概念就是可持续设计。可持续设计的本质在于——充分利用现代科技，大力开发绿色

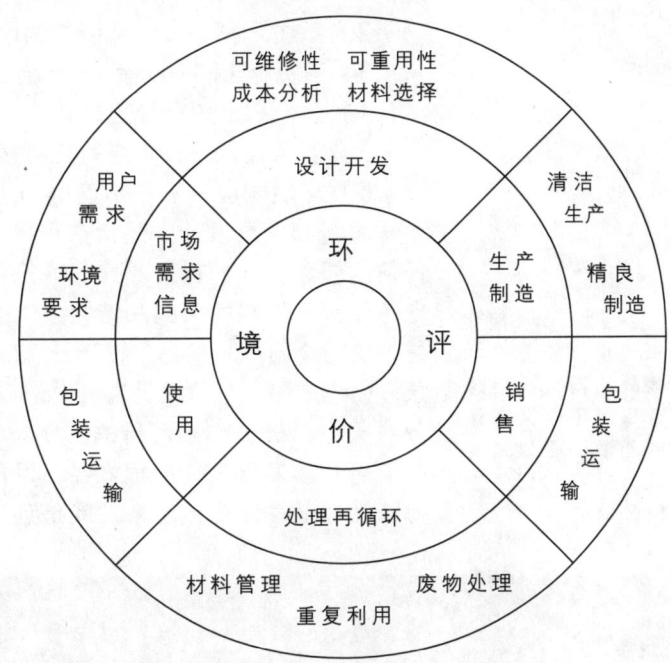

图2-12　绿色设计的过程轮图

说明：在产品整个生命周期内，着重考虑产品环境属性（可拆卸性、可回收性、可维护性、可重复利用等），并将其作为设计目标，在满足环境目标要求的同时，保证产品应有的功能

资源，发展清洁生产，不断改善和优化生态环境，促使人与自然的和谐发展，人口、资源和环境相互协调，相互促进。作为人类社会的一个阶段，可持续发展阶段有其自身的一系列特点。

1）经济性质——高效、和谐、循环、再生的协调型经济；
2）系统识别——控制调节的网络结构；
3）消费标志——自然、社会、经济的全面发展需求；
4）生产模式——智力转化与再循环体系；
5）能源输入——清洁的与可替代的能源；
6）环境响应——与环境协同进化，资源再生。

可持续发展设计，是指在可持续发展思想的指导下，对任何组织、个人的行为及意识进行再创造，以期达到整个世界各要素间积极持久的和谐共生。可持续发展设计的根本点是解决两个问题，一是"设计什么"，即可持续发展设计的对象；另一个是"怎样设计"，即如何将可持续发展设计应用到各对象中，提出切实可行的方案。

可持续发展设计的根本在于发展性创造性；核心在于可持续性和谐性；连接起来，就是创造新的和谐。一切在保证达到预定目标的基础上，加大智力输入，相应地减少物质投入，减轻对环境影响的行为，均属于可持续发展设计的范畴。

可持续性产品设计可看成是面向需求与环境的设计管理，在倡导适度消费的原则下，使产品在生命周期的

图2-13 太阳能汽车：现在能源日益紧缺，而太阳能这个取之不竭又环保的能源，正越来越成为世界广泛关注的开发热点

第二章 专题设计关注的相关问题

各个阶段得到合理的资源配置,优化设计过程,合理利用材料和能源,尽可能减少对环境、人体的负面影响。其重点在于系统分析影响产品生命周期的外部因素。

对于上面所提到的"绿色设计",在可持续发展设计中可称之为"可持续发展思想在产品设计中的体现",即主要考虑产品对环境的影响。而我们清楚,在保证与自然协调的同时,绝对要重视起着主导作用的人。这就要求可持续发展设计具备更多的设计重点,是对环境、人体生理、心理等的综合考虑。产品设计师需要把这三点共渗入意识中,用以指导具体专题产品的整个系统设计流程。曾经一段时期提出的以人为本的产品设计思想,其出发点是好的,但关键是如果在设计产品的过程中只考虑了人的因素而忽视了环境的话,就违背了人的自身发展与环境的和谐规律。

改革开放以来,虽然我国的国民经济建设发展迅速,但是,在经济建设中对资源的合理开发和应用存在不少问题,譬如过度开发资源、环境污染等现象的出现,在很大程度上给人民生活环境和我国经济建设的可持续发展带来了负面影响。因此,对于我国现阶段来说,绿色设计与可持续设计是极其重要的。我们应该结合本章第五节中谈到的适当设计,合理地利用资源,因地制宜,特别是生产地与销售地在资源上的优势。比如山西是煤炭大省,煤炭资源在当地具有明显的优势,如果设计师在为本地公司开发产品时,就应该多从发挥这一地区优势的角度出发,充分合理地利用当地资源,这

图2-14 上海科技馆的绿色设计与可持续发展设计的展位,这也反映了国家、政府对此的高度重视。低能耗、低污染、可回收再生的设计必然是未来的主流

样单从运输这一环节上就可以节省很多的能源消耗了。

作为一名工业设计师，要充分体现和保持设计师的道德感和社会责任心。21世纪是生态的世纪，设计应着眼于未来，着眼于人与自然的生态平衡关系，着眼于产品设计与生态关系的每一个细节，在设计过程中不仅要把持好每一项专题产品的设计效果，而且还要在开发产品的每一个具体决策中，都充分考虑到影响环境的因素，尽量减少对环境的破坏和对资源的不合理消耗。

第三节　安全设计

对于产品的安全需求是人的一种本能反应。我们所从事的每一项具体的产品专题设计，对安全设计的要求虽然有高有低，但却不能因为要求不高的产品就可以忽略安全方面的细节设计，例如某儿童玩具的专题产品设计，其开发的重点是通过以"玩具"为媒介来开发和提升儿童的智力，尽管儿童玩具与电器产品相比较其在安全上的考虑要简单得多，然而，由于儿童在操作玩具时的无意识等，很容易产生失误和意想不到的损伤，如碰撞、卡接、吞食等现象的发生，所以，在设计玩具的每个细节上对容易引发的安全事故都必须考虑周全。

安全性设计在具体的产品设计应用过程中不能狭义的理解。安全性设计主要包括机械制造过程和使用过程的安全性设计。另外还涉及到了操作舒适性设计、造型美学设计及环保性设计等方方面面。

安全性设计的内涵与外延

（1）内涵——主要指制造过程和使用或操作过程这两个方面的安全性。

制造过程的安全性是指在制造过程中必须考虑制造设备及操作人员的安全。

使用或操作过程的安全性主要指避免由于设备本身工作性能降低或零件失效造成的设备故障，以及由于人为失误造成的设备损伤或人员伤亡等现象的发生。

比如说大型的切纸机，如果当手在机器下整理纸时不小心启动了设备，后果就不堪设想，对于这种情况，我们就可以将切纸的开关设计为需要两只手同时分别按住两个开关才可以启动，这样就可以避免此类工伤事故的发生。

（2）外延——由于安全设计与工业设计的其他环节都有密切的联系，所以其一直贯穿于工业设计的始终并与其他环节如机械设计与制造、经济性、通用性、舒适性、美学性、环保性等有着密切的联系。

图2-16　总开关设计为内凹方式，谨防误操作

图2-15　大型液压切纸机

在切纸的过程中要求操作者是双手分别要按住设在机器两侧的按钮上，这样就避免了工伤事件的发生

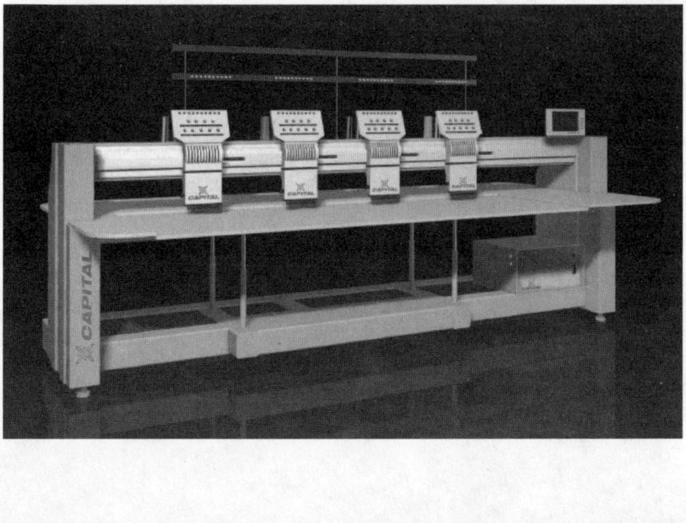

图2-17　某纺织机械设备，规整的造型使操作更安全、更方便和易于清洁（造型设计，沈嘉）

对于安全设计的重视必然会大大提高设计制造的成本，所以安全性的设计就要有很强的针对性，比如要分析其使用的环境、操作上的特点，特别要注意人在其中的因素。

随着工业设计的手段、方法日新月异和环保意识日益高涨，安全性设计在工业设计中的地位已明显提高；随着人类对自身及环境重视程度的增加，安全性设计将成为工业设计中必须考虑的重要环节，其设计内容、形式、方法与工业设计其他环节的交叉点日益丰富，不断地在完善。

第四节　专题产品设计的评价方法

针对具体的专题产品设计项目，如果仅仅凭直觉经验是难以判断其优劣的。所以，设计师要多与企业沟通并根据不同对象的需要，通过大量的市场调研与产品的目标定位灵活地运用设计评价方法来判断设计的优劣。

设计评价方法主要有以下几点：

1．坐标法

坐标法是在产品设计的评价中按坐标的方式设定评定标准中的每一项，满分为5分。各项圈成的面积越大则该方案的综合评定指数越高。

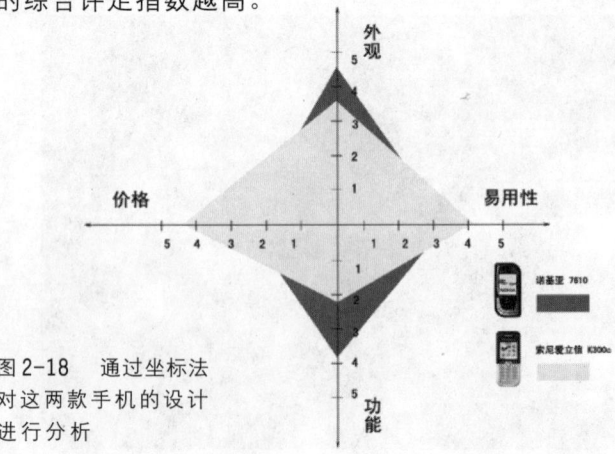

图2-18　通过坐标法对这两款手机的设计进行分析

2．设问法

其中就要考虑到设计的对象、材料、工艺、成本、目的、价值、功能等方面，要包罗所有相关的问题。而且要考虑到其对环境的影响。

你可以采用自问的形式：（以手机为例）

这款手机的使用对象是谁？是商务人士、学生还是老年人？

这款手机的价格如何？低端机、中端机还是高端机？

这款手机的功能如何？有摄像、FM、MP3或者是包括其中的多个功能？

除了运用上述两种评价方法进行具体操作外，我们在评价一个设计的优劣时，有如下几点约定俗成的设计评价原则：

(1) 创新性

任何企业都必须根据市场、文化、技术等因素的变革推出更符合时代需要的产品，来满足人们的需要，甚至引导潮流。因此，创新性十分重要。

(2) 科学性

科学性是产品的物质基础，先进技术的发展是其重要的推动，它包括了合理的产品结构、完善的产品功能、优良的产品造型、先进的制造技术。

(3) 社会性

包括社会道德水准和产品的功能条件是否符合国家及行业政策、标准、法规等。特别是当产品要出口到海外或一些少数民族时，更要先了解其社会的文化、习惯和风俗。

(4) 适用性

任何产品的设计都是为人服务的。所以，产品一定要符合人的生活习惯，要方便、和谐地让人们使用。这里，我们设计师就要系统地学习人机工程学中的一些相关知识。

3．设计评价的内容

(1) 经济方面——成本、利润、竞争潜力、投资情况、产品的附加价值、市场前景。

(2) 技术方面——安全性、可靠性、适用性、合理性、有效性等。

(3) 社会方面——社会效益、环境效益、生活方式、资源利用等。

(4) 审美方面——造型风格、形态、色彩、时代性、功能操作的适意性、创造性、功能性等。

第五节 适当设计

适当设计是一种恰如其分的设计原则，包括两个方面的内容：一是简约主义，二是地域主义。

1．简约主义

简约主义是指运用结构简单、材料少、造型简练等原则来进行产品设计的一种思想。其本质是使所设计的产品能最真实、最准确地反映其自身的价值，并能恰好满足消费群体的各种必要的需要。简约主义是从后现代主义演化过来的一种设计风格，是对现代主义的部分继承和发展。

2．地域主义

地域主义是针对发达国家的不发达地区和发展中国家与地区现状提出来的。为此，发展中国家必须走适合自己的道路。地域主义认为，与工业化社会既成生产体系下的产品开发设计不同，不发达国家和地区的产品设计与开发，必须在对地域的潜在技术、资源、人才等各方面因素进行研究、挖掘的基础上，进行适合于当地的生产方式和生产体系的设计。地域主义对发展中国家的意义重大。例如中国就存在着缺少高技术、缺少资本的高投入的情况，对此情况我们就要对本地的资源合理使用，来改善自身的生活质量，把握适当与适度的原则，将

图2-19　机器制造的时代来临，传统手工业受到强烈冲击，制陶工人不再是手工艺人，这种工艺可以通过以机器生产的方式提高生产效率以适应社会的发展。图为包豪斯时期由制陶车间制作的陶茶壶，反映了工业革命后设计遵循机器加工工艺的适当性。

适当的设计就是要以一种客观的态度来对待设计的内容，充分利用优势、扬长避短、合理设计，才能符合社会发展的规律和企业的利益

经济文化的发展与资源环境的保护置于同等地位，做适合中国国情的设计。

地域主义的意义很广，即使对一个公司的选址来说也可以应用这一原则。因为公司都有很多部门，如调查、设计、研发、生产、销售等，但一个公司并不是所有的部门都一定要在一个地方，这时就要充分利用地域主义的原则。如果这个公司的产品主要是外销的，那其生产基地就应该选在沿海城市，特别是海运比较发达的港口城市以方便运输。研发类的机构就必须在销售地附近，这样才能更好地和市场相结合，随时根据市场调查，因地制宜地设计出符合当地需要的产品。

3．适当设计的分析方法

功能分析法（去除功能法、组合功能法）、材料分析法、形态与装饰法三种形式。

第六节　工业设计与市场

市场是商品交换的场所，是商品流通领域反映商品关系的总和。市场是最冷酷的，它有其自己的价值规律，不以人的意志所改变。所以对于企业来说无论生产什么样的产品都一定要先作好市场调查，根据市场的动向不断地调整企业产品的开发与设计策略。

无论什么样的产品都是以销售为目的、服务于市场，并受市场支配与制约的。市场决定了企业规模、发展方向、管理与行销策略。工业设计师只有进行市场调查、市场预测，充分了解和认识市场，对市场进行分析研究，实现并利用好市场的交换功能、价值实现功能、供给功能、反馈功能、调节功能、服务功能，才能使其设计的产品在激烈的市场竞争中生存。产品设计

图2-20　市场动向是随着时间推移与社会发展而微妙变化着，其消费的行为也在不断的变化，这一规律是有序可寻的。图为20世纪70年代意大利激进主义设计的具有典型波普风格的家具产品。这一"反设计"的产品特征，符合当时由于严重的通货膨胀等社会问题的恶化及人们对社会强烈不满和失落形成的逆反思潮

的市场定位基准可以分为两大类：一是市场推广型；二是技术推广型，这两大基准一直贯穿于产品的开发与营销的全过程。

这里以时下流行的MP3举例说明：MP3贵的有三四千的，而便宜的只有一两百。自然其市场的推广就大不一样了，高端的品牌，如IRIVER、IPOD等绝对不会一味的通过降价来做推广，首先他们的技术先进、品质优异，有了这样的保障，然后通过代言人、推介会等来宣传，走的是高投入、高利润路线。低端的产品则是以较优秀的性价比，通过满足用户的一定需要，来进行推广的，相对的是薄利多销。

生产力落后和人们的消费水平处在低级阶段，一般只要求产品可以满足使用功能和生理上的基本需求，实用性高于一切，而对商品的结构合理性及外观的新颖都不太追求。因此，企业对于产品的设计也仅停留在比较原始的层面上。但随着社会进步和人们所需求的消费水平不断提高，相对于产品的层次与要求也在不断提升，人们更习惯了在购买产品的过程中货比三家，这使得所开发的产品之间竞争加剧。现代工业设计的蓬勃发展，就是为适应这一发展的需要设计出符合市场需求的消费产品。同时，由于产品设计的内在系统和外在系统等因素的影响，工业设计师不仅仅是对产品外观造型的设计，它还要在充分了解市场后能解决产品的创新问题，找到实现产品的相关技术，解决产品品牌的价值问题以及为企业创造利润等。目前，设计方面的创意产权已是企业重要的资产，企业应主动地进行设计，去引导消费趋向和树立自身的产品品牌。

工业设计可以创造出很高的附加值，越来越成为企业胜败的关键，而其

图2-21　商场内商品琳琅满目，可见众多的商品反映了产品市场竞争的激烈

中的核心就是设计创意。工业产品外观设计的投入与收益，日立公司方面的数据带给了我们新的思考，该公司每增加1000亿日元的销售收入，工业设计作用占到51%。在家电产品技术和信息技术日趋成熟的情况下，工业设计开始突显其特殊的作用。

产品设计的个性化要求产品有针对性的面向具体的使用对象，这就是真正意义上的细分市场。作为产品专题设计的研究，市场因素对设计具有关键性的作用，因此，具体的专题产品设计之初，对市场的调研，尤其是调研产品的细分市场十分重要（参见第一章第五节专题产品设计与分类）。正是由于工业设计发挥了这一作用，才使得产品既满足了消费者的要求，又使我们在丰富多彩的生活里获得了美的享受。工业设计大师清水先生曾对新锋锐设计公司建议："一是在设计之前要重视市场调查、收集大量资料。例如为客户设计电话机，就要收集所有能够获得的电话机资料，了解电话机的最新发展动向；同时要对这些已有的电话机进行分析，取其精华，去其糟粕。二是要从心底里替企业着想，即使企业只委托公司设计产品，如有可能，也可协助企业改善整体形象，如视觉识别系统，室内环境等。甚至在设计的时候就考虑到产品的销售方式。这些额外的工作是不计报酬的，是为企业长远利益着想的。只有这样才能建立起与企业长期的紧密关系，同时也能使设计发挥更大的作用。三是坚持高水平、高价位的设计服务，杜绝低价位、低水平设计服务。高水平的设计服务应该综合各种因素全面为企业服务。这种高水平、高价位的设计服务刚开始时可能很难展开，但是随着这种服务对企业作用的增大，路子会越走越广的"。可见清水先生在大量的设计实践中积累的经验，从三个方面说明了设计必须遵循工业设计与市场的互动作用。

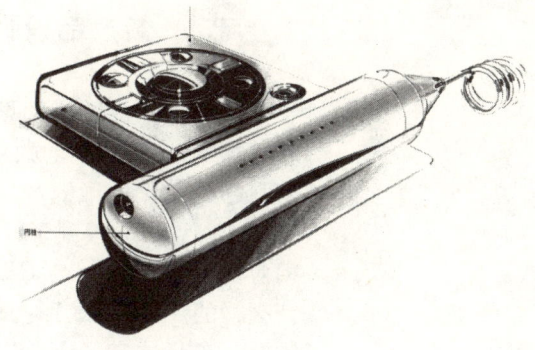

图2-22　清水先生的设计创意表达精练，体现了一个成熟的设计师必备的基本素养

构思·策划·实现
Conceive·Plan·Perform

第七节 新产品设计的策略

市场是商品交换的场所，市场通常是由一群有不同欲望和需求的消费者所组成的。市场是最冷酷的，谁设计的产品漠视它的变化，谁的产品就会被无情地淘汰，但市场又是最热情的，谁最先嗅到了即将到来的变化的"气息"，并做好了相应的准备，谁就会得到丰厚的回报。无论什么样的企业，什么样的产品，都是服务于市场，受市场所支配，受市场所制约的。市场决定了企业规模，市场也决定了企业开发产品的发展方向和企业的管理行销策略。

随着市场消费的发展，企业需要调整由被动市场细分到主动细分市场，明确开发产品在市场中的定位，实施适当的设计与营销策略是企业开发新产品创造价值的主要策略。设计师应本着客观的态度正确把握产品价值与市场这两者之间的关系，运用美的线条、体面和色彩营造合理的产品形态，才能设计出符合双方利益要求的产品。

细分市场可以使工业设计师的创意活动纳入较为理性的设计思维，但还有一个问题值得关注，那就是企业自身的状况，企业的规模、技术与工艺水平、生产能力、营销方式和开发投资等现状都是影响设计定位与开发的因素。如设计定位出现的工艺技术难题是否能够解决；根据企业现状，新产品开发是否定位为技术推广型，还是市场推广型；由于营销模式的不同，新产品应该定位为什么样的产品特色等。

一些技术上不占优势的企业，新产品设计定位可以转而求助于开发周期较短、市场投入产出比较合

图2-23 浙江电动自行车市场一角。类似这些造型款式的车在其他销售市场随处可见，有的虽有变化也是大同小异，作为企业发展的初期阶段，其产品在设计上采用"从众定势"具有可行性高、风险小的优点，但是缺点是如果企业长期地开发此产品就会带来消极影响，人们无法形成对企业品牌的认同感

算的市场推广型定位产品设计的方法。市场推广型设计应尽可能满足现有市场和近中期市场对开发产品的普遍认同感，尤其需要对市场中类似成功产品的参考。这一开发产品的典型案例是浙江省的私有企业，他们在企业发展的初期阶段，就是沿用了这一切实可行的方法，善于利用国外现有技术，结合中国低端市场需求，结合企业自身开发能力，产品研发周期短，大众对产品的认同感强，性价比高而获得了可喜的成绩。

普遍来说，新产品的导入通常是由新技术作为主要推动力的。如电灯、计算机、MP3、数码相机等新产品的出现，无不是新技术产生的结果。一项成功的新技术不仅能创造出一批全新的产品功能与形象，而且可以改变企业的产业结构和大大改变我们的生活和工作方式。

所以在新产品的开发上要随时把握有关新产品开发的最新技术，与此同时必须关注生活方式的微妙变化，研究消费者显性和隐性的需求，特别是新产品消费的特定群体的需求，不断以独具特色的新产品引导市场以保持竞争的优势。

对于技术推广的产品设计，后来者如果希望进入这样的市场竞争，需要有更鲜明的产品设计特点、更雄厚的资金投入、更先进的技术、更可靠的质量、更低的成本、更大的宣传力度。但是，这也意味着不必支付市场开拓时期的大量宣传费用，可以韬光养晦，静观冲锋陷阵者的错误，以利于后来者博采众家之长，将特色鲜明的产品推向市场，成为后来居上的优势。

在新产品开发过程中的设计团队，设计师一定要养成关注市场的习惯，也要有一套相关的机制。

（1）能够准确收集市场信息的市场研究队伍和实用有效的市场研究分析技能。

（2）根据市场的需要掌握新产品的新技术和发展新技术。

（3）能把市场信息和新技术相结合转化为具体的产品形态构造的设计创意队伍。

(4) 能把设计创意转化为竞争力的工程队伍。

(5) 能把上述四者有机统一在一起的指导思想、管理机制和作业程序。

工业设计师应在以上五个方面发挥创意优势。

第八节 专题产品设计的三种状态

1．生产型专题产品设计

生产型的专题产品设计强调设计与生产的紧密结合，概念设计在此阶段没有太大的市场。此阶段产品造型的改良是工业设计师的核心工作，产品结构的优化和生产成本的控制是工业设计工作中的重要问题。对于企业来说，没有太多的预算花在工业设计上，大部分企业都没有自己的工业设计部门，即使委托相关的工业设计公司进行设计，设计费用也相对较低。于是这一类产品设计就出现了这样的口号："能够方便生产的设计才是好设计"。

生产型的专题产品设计要求工业设计师具有较高的产品造型能力，并且对各种生产技术比较熟悉，能根据专题产品的特点和生产的数量决定适合的材料，并能有效地和工程师进行沟通。这种熟悉生产和具有较高产品造型适应能力的产品设计，也称之为务实型工业设计。

2．营销型工业设计

当制造业发展到一定程度后，厂家的重点逐渐会转向潜在的顾客身上。营销型专题产品设计将同市场营销策略和活动紧密结合起来。从某种程度上来说，工业设计将成为整合营销传播（IMC）的一个环节。整合营销传播强调的是企业倾其内外之全部资源，发出统一的声音，去争取顾客，工业设计显然是其中的至关重要环节。没有好的设计，就没有好的产品；没有好的产品，整合营销传播便是"王婆卖瓜，自卖自夸"。当然，工业设计也要根据整合营销传播的基本要求，即和其他资源一道，发出统一的声音。

营销型工业设计对设计实践提出了新的要求。第一个明显的改变是先调研，后设计。在生产型设计时代，不需要有细致的调研，最多也只要求进行二手资料的调研，设计师接到任务后，翻看一些产品资料集，东拼西凑，马上构思产品的形态。营销型专题产品设计以用户为本的设计理念到这个阶段才得以笃行，焦点小组法（Focus Group Method）、观察法（观察生活中的用户）等方法在实际的设计工作中普遍应用，同时工业设计师也要参与一部分的调研活动。第二个改变是单打独斗式的工业设计将不再流行，团队合作将变得至关重要。工业设计师跟市场营销人员的合作将更加频繁。工业设计师只凭借产品造型能力和设计表现能力还不行，嘴巴也要厉害，将其设计的好处说出来，让用户有充分的购买理由。因此，对于这一类专题产品的设计，设计师要有很强的协调能力，这一工业产品设计状态下的口号是："卖得好的设计才是好设计"。

3．策略型工业设计

在自主品牌时代，设计将成为商业策略的一部分，设计策略将成为企业策略的重要部分（但对于设计策略能否成为企业战略的一部分，尚不得知，这需要实践去检验）。设计也许能够在这一时期创造出新的商业模式，如网上售书模式。决策型工业设计师将在这一阶段涌现出来。

由于为时尚早，我们对这种策略型的工业设计认识上不可能十分清晰。但是有些趋势我们是可以估计出来的。**一是**，产品形象识别成为可能，每个品牌都要有自己的个性，这种个性也将体现在企业的所有产品家族成员中。**其二是**，设计的对象会有所拓宽。中国传统向来重有形之物，轻无形之事。事与物同等重要，缩小而言，产品和服务一样值得重视。企业不光销售产品，还销售服务。既然有产品设计，为何没有**服务设计**？无形之事将成为未来的设计的重要对象。再将目光向远眺望，**体验设计**（Experience Design）也不是没有可能。**其三是**，设计方法上将更加强调团队合作，团队成员将来自更广阔的领域，如哲学家、心理学家、材料专家、软件专家等等。这一设计模式的口号是：**"设计创造品牌和体验"**。

第九节　设计的未来趋势

所谓设计的未来趋势，是指根据过去的经验，衡量当前的"走向"，放眼时代潮流的趋势而对未来从事思索与探测，并提出具有前瞻性的设计。

设计总是在面向未来的创造中不断前进，赋有历史使命感的设计师们不断地探索未来的设计方向，不断地提出革命化的设计思想，不断地构思着未来的实施方案，正是由于他们的努力，我们的生活空间才不断地走向完美。

企业在其产品设计的品牌战略中，对产品开发的前瞻性概念设计的研究与应用当成为其重要的组成部分。所谓"前瞻性设计"就是以"需求为引导"，把消费者视为永不满足的对象，通过对产品技术进步、经济收入提高、生活方式演化、价值观念转移、审美潮流动向等多种因素的市场研究，探索产品发展的各种潜在的可能性，预测产品发展的趋势，为企业作出充分的设计储备。其中我们设计师特别要对社会文化与技术的变革所形成的新的设计趋势，有着与常人不同的对问题的敏感性与把握能力。

如手机的发展就经历不同的发展趋势：

（1）最早的只要求满足通话，信号是惟一的标准。

（2）短信功能的加入，要求按键的方便舒适。

（3）彩屏对屏幕上有了更高的要求，在外观上也越来越大，越来越细腻。

（4）现在是又有了多元化的发展，有追求轻薄的，有追求游戏娱乐的，有纯商务的，可以说是百花齐放，更多注重了个性的需要。

手机发展的趋势，可以说是在不同的阶段各种因素的不断碰撞所形成的。如为什么短信在中国特别流行，这就与中国文化、历史有很大关联。中国人与西方人相比就比较的含蓄，所以一些不方便直接面对面说的话，就可以通过短信来传达。另外从对信号的一味追求到对个性的追求，不但体现了技术的进步，同时也反映了人们生活观念、价值观念的改变。这也说明造成未来趋势的因素很多、很复杂，要求我们设计师作好市场调查，从这些因素的细微变化中抓住产品发展的趋势，进行前瞻性的设计。

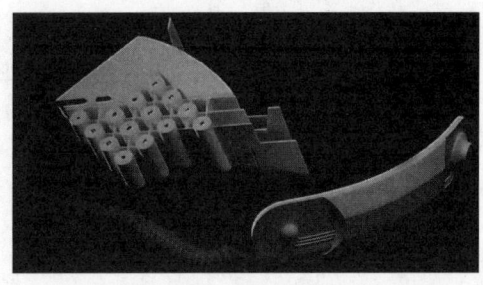

图 2-24 对产品开发的前瞻性概念设计的研究与应用，是企业开发产品对未来趋势的探索，关系到企业的长远发展。图为西门子设计室进行电话机设计的探索

当代，从全球范围对企业来说，工业设计的发展也有其发展环境的七大趋势，了解这几大趋势对我们的设计有重要的意义。

（1）强劲的经济发展势头将刺激消费，并为优秀的产品提供巨大的市场。

（2）对消费者的需求更加关注。

（3）针对小公司、家庭办公室以及家用电脑的设计将受到更多关注。

（4）如何克服技术难关仍将是对设计师们的挑战。

（5）大的分销商逐渐成为中间消费者，削减成本是他们所关心的设计焦点。

（6）设计师们与商界结成更紧密的合作伙伴。

（7）在亚洲和其他海外市场，机会和竞争迅速增加。

以上七大预测也说明，不同的企业也可以携手开发新产品，开拓新市场，而不是仅靠现有产品的激烈竞争来生存。这也是设计适应全球经济一体化的途径与发展趋势。

未来风格设计的特征

艺术性特征——未来风格的设计越来越讲究"艺术的品格"，设计与艺术间的距离日趋缩小，新的艺术形式的出现极易诱发新的设计观念，而新的设计观念也极易成为新艺术形式产生的契机，设计与艺术融为一体的趋势越来越明显。

科技性特征——实现设计总是受生产技术发展的束缚，一种新的材料的诞生往往对设计产生重大影响。优秀的设计师总是非常关注新的技术与材料的出现，并善于应用。

前卫性特征——当今，世界是呈多元化与个性化发展并存的时代趋势，人们在展望未来与设计未来的时候，更多的思索是怎样以和谐的步伐保证精神文明与物质文明的同步增长？怎样使产品能够满足物质和文化双方面功能需求？怎样使世界更好地成为符合人们生理和心理的、科学的和美学的和谐发展的理想环境？……科技的发展，文化的交融，人类对未来充满美好想像，自由、自信和理想主义色彩的强大动力，不断激发着设计师们对未来设计的创造才能，与众不同、充满前卫性的设计已成人们追求个性，寻求自我的独特风尚。

参考课时：4 课时
课后思考：
① 自己所喜欢的设计风格及你喜欢的原因？
② 为什么市场对专题产品的设计具有重要意义？
课内练习：
① 分组讨论：20 分钟，分组对身边的一个产品运用坐标法进行评价。
② 分组讨论：20 分钟，对前20分钟完成的评价内容，提出可以改进和新的发想（要求以草图加文字说明的方式完成）。

设计感悟：创意是设计不变的法则
浙江理工大学艺术与设计学院副院长　潘荣副教授

设计哲学认为，设计是不断地从肯定走向否定，螺旋式地发展，正如：密斯的"少就是多"；文丘里的"少令人厌烦"；新世纪提出了"少而优"的设计理念一样，创意的法则在不断优化。

成功的设计更在于定位最初的创意视角。然而，创意视角难于突破，如同一把椅子在很多人眼里，椅子就是椅子，视角就是这样凝固着没有办法改变。试想如果把椅子的概念转换，椅子仅是托起人的用具，那么设计思路又会发生什么样的变化？由此可见，改变视角能够产生创意，奇迹也将泉涌般产生！

第三章 专题创新与设计问题的解决技巧

第一节 设计与创造力
第二节 文化的认知
第三节 设计的创造方法
第四节 创造设计的风气
第五节 亲身体验胜于一切虚拟与想像
第六节 动脑会议
第七节 原形创造是创新的捷径
第八节 培养异花授粉的能力

第三章　专题创新与设计问题的解决技巧

第一节　设计与创造力

设计其实就是一种设想、一种运筹或者说是一种计划，它是人们为了实现某种特定的目的而进行的创造性活动。至于创造，它则是一种以前所未有的方式或者是方法去解决问题的活动。人们在这样的过程中不断地进步，不断地超越过去的东西，从而使新的东西不断地取代旧的东西，可以说创造力是人们精神中的生命活力。

设计的本质其实就是全面系统地进行创造，要设计就必须要有极强的创造力。工业设计所强调的是一种系统全面的创新，当我们在进行一个专题性设计的时候，要认识到每个专题都有着各自不同于其他专题的特色性方面，于是这就要求我们从技术、艺术、人文、经济、生态等诸多方面考虑，如何针对它们的特色来进行设计。专题设计就应当抓住人们在一定的范围内的特殊需要，使人与环境能达到一种融洽与协调。它可能是一种大跨度的创造，亦可能是为了适应现实的小的改造，它可能是强调人与自然的和谐，从而给人们提供一个合理的消费方式，又或是倡导另一种新的生活方式。其实种种的专题性设计都可以从科学性、人文性与艺术性的交汇点上，传统与非传统的结合点上，现代与未来的关联点上进行特色性的创造，不断地在困难矛盾的处理过程中进行创造也是设计的好的着眼点。

创造力是设计的基础能力，也是动力，创造力的充分发挥将给设计带来无限的活力。

第二节　文化的认知

工业设计的发展，使得我们必须更多地去对设计与文化的关系进行思考。事实上，设计在本质、目的以及原则等诸方面都离不开文化对其的影响，文化的元素不断地渗透到设计中去，而设计又把种种的文化"气味"散发出来。

人创造了文化，文化也创造了人。设计作为人们生存与发展过程中的创造性活动，本质上也是一种文化精神的体现。文化包括了诸多方面，有全人类共有的文化，民族间各有特色的文化，时代发展过程中自然形成的各领域的文化，另外还有科学性的文化、人文性的文化和生活方式的文化等等，那么作为专题设计来说也就必定有着与之相适应的一个文化范畴。专题中势必包含了其特有的文化空间，专题设计的成果则是一种专题性文化精神的充分体现。

让我们以一些专题性的设计为例。假设在一个注重功利与功能的社会里，人们变化多端、不拘一格的美好经验往往被忽视和掩盖，那么我们所设计的产品就应该以一种特殊的知觉态度去帮助人们取得一种审美的生活方式和风格。这里以洗浴产品作为专题进行探讨，我们可以感觉到洗浴已经不仅仅是沐浴文化里的范畴，而其更像是休养文化的一部分，它的设计要使得身体感觉更加轻松、美好，于是许多新型的淋浴器、桑拿设备、保健浴缸等产品应运而生。这是社会发展所产生的文化差异和新生文化的出现所带来的联系物，也是对传统的功能性工业产品的超越，它蕴涵了丰富的文化内容。

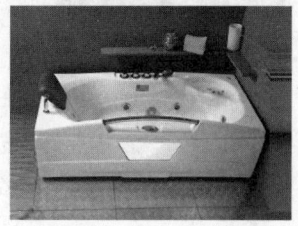

图 3-1　过去和现在的洗浴设备

图 3-2　先进时尚的电脑按摩浴缸

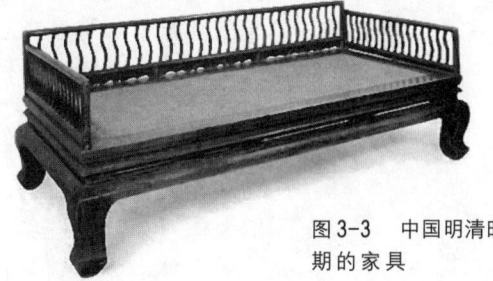

图 3-3　中国明清时期的家具

图3-4　现代家具

工业设计是当代文化的一种新形式，无论如何它肯定是会被打上民族文化的烙印的，那么我们又不妨以民族文化作为一个专题进行探讨。就拿我们中国悠久的文化来说，中国设计文化在明清时期以朴素、清幽、淡雅等形式展现于历史文化之中，现如今这种古老与朴素的设计观念正直接面对着现代高速发展的科学技术所带来的崭新观念的冲击。我们应该在对传统与现代文化的认知过程中，把文化中的精华部分提取出来并进行有效巧妙的运用，从而设计出能体现文化气质的优秀作品。

第三节　设计的创造方法

设计就是一个创新的过程，产品创新的过程是一个提出概念、设计方案、决策新产品的过程。创新离不开创造思维，创造思维具有目的性、求异性、突变性等特征，具体表现为逻辑思维和非逻辑思维两种类型。

逻辑思维主要运用的是概念、判断、推理的思维形式，其中包括数理逻辑、归纳逻辑和演绎逻辑等，对产品创造进行程序化、量化或公式化分析。非逻辑思维又可以称为直觉思维，包括联想、创造性想像、形象思维、灵感与顿悟等多种方式，根据理性分析后的知觉材料，在头脑中重新加以组合和联想，从而形成新构思、新形象。许多重大理论的发现直接来源于这种直觉思维，比如阿基米德跳进浴缸中找到了检验金冠的方法；牛顿在休息时发现万有引力等。在整个产品创造过程中，两种思维相互结合发挥着作用。

创造并不是像无头苍蝇一样的到处瞎撞，它是在一定的约束和指导下进行的，也只有这样才能得到理想的效果，我们大体可以把这些约束和指导归纳为以下的十二个方面：

群体：依靠群体的智慧，相互启发，集思广益。

组合：如组合家具、组合文具架、多用笔、母子灯、多功能电视机、多功能音响等。

换元：在材料、部件、方法、方式、包装等方面的替代和交换，实现产品创新。

移植：也就是多种技术的移植嫁接或是类似异花授粉的方式，从而形成新技术、新材料、新产品、新工艺。

类比：如水陆两用工具与两栖动物、夜视装置与猫头鹰的眼睛。主要有直接类比、象征类比等方面。

还原：着重围绕产品功能进行创新。比如功能相同但技术不同，机械手表和电子手表就是个例子；火柴和打火机也是一样的道理。

综合：比如计算机是大规模的集成电路技术、计算数学和精密机械的综合；激光技术则是光学、机械和电学的技术综合。

离散：将原有产品技术进行分离，从而形成新构思。比如说隐形眼镜就是镜片与镜框分离的结果；音箱则是扬声器与收录机分离的结果。

强化：比如强力胶粘剂、强化塑料、钢化玻璃等。

逆反：突破传统形成的思维定式，进行逆反思维，从而引出新的创意。

仿形：比如鸟的翅膀与飞机的机翼、海洋生物的流线型躯体与潜艇的造型等。

迂回：当面临某个产品创新问题而束手无策的时候，可以扩大搜索的范围，从其他方面寻找启发，激发创意，解决问题。

我们把创造法则进一步地规范、具体，于是就产生了种类繁多的创造方法。从创造思维的角度来看，我们大致可以把这些方法归纳为定点法、联想法、组合法、超常法和模仿法。

1．定点法

定点法就是把要解决的问题强调突出出来，有针对性地

构思·策划·实现
Conceive·Plan·Perform

图3-5　产品专业三年级学生，在专题产品"伞"的设计课的学习过程中，通过小型的会议，根据各种各样的雨伞现状，列举各种希望点和缺点，以此来获得新产品开发的设计亮点

进行创造。主要包括特性列举法、希望点列举法、缺点列举法和检核表法。

（1）特性列举法

列举现有产品的特性，一一思考，寻找改进的方案。

（2）希望点列举法

把想要设计的产品以"希望点"的理想状态的方式列举出来，然后根据主客观条件，确定设计的方向。用这种方法进行创造的时候，可以召开一个小型的会议，有针对性地发动与会者列举各种"希望点"，会后将希望点进行整理，经过分析选出若干来进行研究，我们可以把这种会议称作是动脑会议。比如做一个手机的设计，有人希望小巧，有人希望大方，有人希望待机时间长，有人希望功能齐全，有人希望外观时尚……将这些希望点集中、排序，根据希望与可能性进行新产品的设计。

(3) 缺点列举法

其实缺点列举法是希望点列举法的一个变形形式。任何产品进入市场之后都会暴露出一定的缺点，我们把这些需要改进的产品作为对象，把它们的缺点一一列举出来，在其中选择一个或者几个进行改进，从而创造出新的产品。雨伞的改进就是一个例子，比如传统的雨伞的手柄在中间，空间没有得到充分利用，这样我们就可以考虑设计成偏心手柄式的雨伞；传统的雨伞不方便携带，那我们可以考虑改成折叠式的；传统雨伞视线不开阔，我们可以把它做成透明的；传统伞的开关不方便，我们可以考虑把它设计成自动的等等。

(4) 检核表法

检核表法就是根据产品创造过程中所要解决的问题，并对市场需求、使用情况等诸多方面进行分析，确定重点要求，把有关的问题进行罗列，然后把这些问题一一提出来进行核对讨论，从而寻找到解决问题的方法。

表 3-1 是著名发明学家奥斯本曾经制定的一个检核表。

奥斯本检核表　　　　　　　　　　　　　　表 3-1

用途	有无新的用途？是否有新的使用方式？可否改变现有使用方式？
类比	有无类比的东西？过去有无类似问题？利用类比能否产生新观念？可否模仿？能否超过？
增加	可否增加些什么？附加些什么？提高强度、性能？加倍？放大？更长时间？更长、更高、更厚？
减少	可否减少些什么？可否小型化？是否密集、压缩、浓缩？可否缩短、去掉、分割、减轻？
改变	可否改变功能、形状、颜色、运动、气味、音响？是否还有其他改变的可能？
代替	可否代替？用什么代替？还有什么别的排列？别的材料？别的成分？别的过程？别的能源？
交换	可否变换？可否交换模式？可否变换布置顺序、操作工序？可否交换因果关系？
颠倒	可否颠倒？可否颠倒正负、正反？可否颠倒位置、头尾、上下颠倒？可否颠倒作用？
组合	可否重新组合？可否尝试混合、合成、配合、协调、配套？可否把物体组合？目的组合？物性组合？

2. 联想法

(1) 头脑风暴法

头脑风暴法又称为是集体思维法，它是美国 BBDO 广告公司的奥斯本博士首先提出的一种创造方法，也是在启发创意、激发联想方面较早的一种方法。头脑风暴法的基本点是积极思考、互相启发、集思广益。一个人总避免不了受到经历、环境、知识、立场、思想方法等方面的局限，即使是一个学识渊博的人，也难免有"井蛙之见"，在科学技术飞速发展的今天，一个人很难有全方面的知识体系，集体思考、集体智慧正好可以防止个人的片面和遗漏。

头脑风暴法实施的同时，我们也可以运用前面所提到的"动脑会议"的方式，但是略有不同。在提案的过程中，规定不得评论别人的意见和观点；其他人在发言时要认真的听；安排专人记录会议期间提出的意见和观点；提倡大家畅所欲言，互相启发、取长补短，提出创新方案。这样一来，我们就可以获得更多富有成效的改进方案。

(2) 哥顿法

哥顿法是美国的哥顿博士于 1961 年发明的一种方法，它所倡导的是一种把研究问题适当细分或者抽象化的手法，从而可以使思路更加的开阔。在研究创新时要求能海阔天空地进行联想，以激发出有价值的改进方案。

(3) 替代法

替代法就是将现有产品进行要素分解，通过比较和分析，把主要的要素提取出来进行替

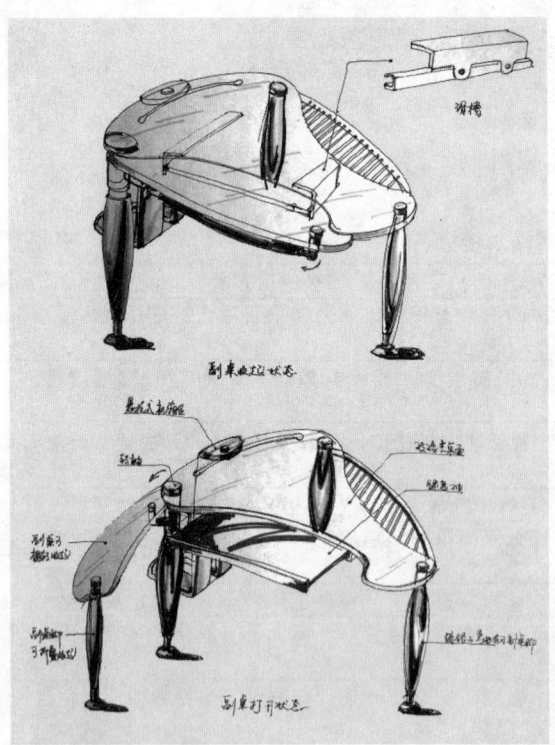

图 3-6 电脑桌结合折叠技术，并根据人机使用操作的规律，则突破了传统的造型方式，形成了圆环形工作台新的构思

代方案的思考与联想，从而形成新思路、新产品。当然在替代时还是有一定原则的。首先，替代与被替代方案之间应该有高度的相似性。只有存在相似性，替代才能进行。其次，可以广泛地去选择实现目的的手段。最后，巧妙地结合现有条件要求，新产品就应该有新功能。因此，在选择替代对象的时候，要看得更远一些，不能仅仅只看到眼前，要着重体现一些高水平的东西，比如说新的原理、新的材料，力求产品能长时间的占领市场制高点。

（4）联系链法

所谓联系链法是指由事物对象、特征以及联想等概念、语意组成的相互联系的链。我们把要改进的对象组成同义词链，把随意选择的对象组成偶然链，把特征组成特征链并展开联想，形成广泛的联想链，然后再进行组合以获得更多的新构思。比如我们把桌子作为设计对象，那么我们首先找到一些同义词，如餐桌、工作台、电脑桌、写字台等，形成同义词链；然后我们选择一些偶然的对象，如电、电灯、按摩、网络、圆环等，形成偶然链；我们把同义词链和偶然链依次组合，于是形成了诸如电暖桌、按摩桌、圆环形工作台等等新的构思。

3．组合法

（1）技术组合法

把若干已有的发明成果和创造构思巧妙地组合和融合，使之以新的面貌、新的功能形成新的产品。在创造的过程中一方面要注意有新颖性、独特性和实用性，组合不仅仅只是机械的堆积，更不是简单的凑合，而是要形成形式新颖、技术独创、结构完整、功能协调的有机整体；另一方面，组合后的新产品技术功能应该大于组合前的各种技术功能的总和。

自从20世纪80年代以来，在所有的创新中有超过70%的创新都是来自于组合创新，那么如何进行组合创新呢？其实，组合创新基本有三种类型，一是成对组合，它是把两种不同技术进行组合的一种创造方法。二是内插式组合，它是以某种特定的对象为主体，通过置换或插入其他技术导致发明或革新的方法，它一般是为了使主体技术的功能发挥得更好或增加一些辅助的功能。三是辐射组合，它是以一种新技术或能使大家感兴趣的技术为中心，与一些传统的技术结合起来，形成辐射状的技术发散，从而形成多种技术创新的发明创造方法。

(2) 形态分析法

所谓形态分析法就是把需要解决的问题分解成几个彼此独立但又相互联系的要素，然后把它们以网络或者矩阵的方式进行更新式的排列组合，从而产生一些解决问题的系统性方案和设想，如果能够做到对问题进行系统的分解组合，便可以大大提高创造成功的可能性。

在进行形态分析创新的过程中，应该按照以下步骤进行：

1) 明确所要解决的问题。

2) 确定影响给出问题的创新要素，列出各要素的所有可能形态。

3) 将各要素及其可能形态排成矩阵形式。

4) 从每个要素中各取出任何一个可能状态作任意组合，从而产生出解决问题的可能构思。

5) 对这些可能构思进行分析评价，从中选出最优构思。

比如，我们现在要把方便食品进行创新开发，我们可以从包装形态、原材料、口味和年龄段等方面来进行分析，列出矩阵表格，然后进行排列组合。

方便食品创新分析　　　　　表3-2

类别	项目					
包装形态	长方形		正方形		碗形	筒形
原材料	普通面条	精粉面条	糯米	黑米	小米	米加绿豆
口味	排骨味	鸡汁味	牛肉味	鱼香味	麻辣味	糖醋味
年龄段	儿童		青年		中年	老年

在上面的表格中，我们列出了四种包装形态、六种原材

料、六种口味和四个年龄段，这样我们进行排列组合，于是可以得到更多的开发思路，从中我们再选出一个最佳思路。

4．超常法

所谓超常法就是指运用超常性的思维方式进行创造，可分为逆向思维法和越位思维法。

(1) 逆向思维法

在人们的日常生活中，大部分的人都习惯于传统性思维也就是顺向思维，如果我们用一种逆向性的思维来代替传统的顺向思维，往往能得到出乎意料的创新效果。常见的逆向思维方式有前后逆向、功能逆向、因果逆向等等。

这里我们来举几个例子吧：

比如说透明钱包的设计，在人们心中以顺向思维来考虑往往不希望让别人看见自己钱包里有多少钱，所以以往的钱包都是不透明的。但是，钱包不透明也给人们带来了很多麻烦，比如说人们在上投币公交车时，或者是打投币电话时，都需要寻找硬币，这样一来，在不透明的钱包中寻找硬币就显得非常困难，于是透明钱包的产生就显出了合理性，人们在要使用硬币的时候，钱包里到底有没有硬币，硬币到底在哪里就一目了然了。事实证明，透明钱包一经推出就非常畅销，创新是成功的。

另一个成功的例子是日本丰田公司皇冠轿车的设计。自从福特第一辆汽车问世以来，汽车的造型向来都是前高后低，丰田公司早期的产品也是如此，后来经过分析结构的利弊之后，他们发现这种前高后低的结构虽然能够使轿车昂首前进，但是阻力大、耗能高，而且造型不美观，动感不足。于是，他们在后来的皇冠轿车的设计中逐步开始采用了反常规的前低后高的结构，投入市场以后果然反映很好，消费者表示皇冠轿车的能耗低、阻力小，而且造型美观。

(2) 越位思维法

所谓越位思维就是强调在创造的时候，能大胆超越传统的思维模式，把自身的思维半径自由拓展，从而获得全新的

图3-7　1955年~1995年间的丰田皇冠轿车，在逆向思维的作用下逐步从前高后低的形式转变为前低后高形式

构思。在越位思考时要彻底突破现有的思维模式。我们不能不注意到，人在思考的时候会无意识地沿着原有的旧思路进行发展，受到旧思维的束缚。要进行越位思维就要勇敢地冲破传统，勇于从全新的角度来观察、思考、分析，只有这样才能有大的突破。另外，在获得数量很多的创造方案时，要懂得精心筛选，这样才能找到符合要求的可行方案，进而选出最优方案。

5．模仿法

其实模仿无处不在，人们通过模仿，可以启发思路、提供方法、少走弯路，有事半功倍之效。模仿创造一般有两种基本途径：一是模仿大自然中的生物；二是模仿已有的产品，在原有的成功的造型基础上，进行再设计、再创造。在人类的创造发明中有不少来自于仿生设计，人的创造来源于模仿。大自然是物质的世界，形状的天地，自然界无穷的信息传递给人类，启发了人类的智慧和才能。人们所有的建筑都源于"鸟巢"、"洞穴"；飞机的原形则是飞鸟；潜艇、轮船模仿的是鱼；机器人更是以人为原形进行制造的。

图3-8　SONY机器人SDR-4X

图3-9　2008年的奥运体育场的设计灵感来源于"鸟巢"

第四节　创造设计的风气

在一个设计的团体或者是群体中，应该有一个或多个设计者具有良好的爱好和习惯，这就是我们所说的设计的风气。我们要创造设计的风气是一种正面的风气，而不是负面的。许多不理想的设计是勤勉的，但却是被误导了的。比如在20世纪中叶，平面设计中就有着一股使用Sans-serif无衬线字体的设计风气，这些字体的确更接近纯粹的基本字形，但是有些时候不容易辨认。设计师们应该清楚地懂得，在印刷品中Serif字体比较容易辨认，而Sans-serif字体则更便于在屏幕上阅读。所以不能一味地使用Sans-serif字体，应该依情况决定，有时字母能被容易地辨认出来才是更重要的事情。

为什么在我们身边，设计师们很少能设计出一些原创性强的作品呢？这是因为抄袭风气的影响，特别是在进行专题性设计的时候，很多设计师往往大量抄袭同专题范围内其他已被设计出来的东西，而这些东西一旦形成潮流，他们便会一味地去追逐潮流，根本不会去考虑他们的设计是不是应该有原创性。另外，过分追求图面效果，忽视内在韵味，这使得很多人热中于外表的模仿，形成重外轻内的风气。为什么我们觉得很多设计出来的东西不耐看，其实那就是少了一个好的设计思想、一个好的设计风气来对设计起作用，没有它们的引导，设计出来的东西往往就会缺乏原创性和务实性。

好的设计不是仅仅让人觉得好看，而是让人能够去思考、去品味。所以我们需要先创造一个好的设计风气来产生好的设计思想。而一种设计风气的形成，不可能来于一朝一夕，它需要较长时间的积累，需要有一种信念、一种激情、一份毅力和一份定力，在这样的设计风气影响下，设计者之间进行互相沟通、互相学习、互相激发创造力。

当然，我们也不一定要创造一个全新的设计风气，也许过去的一些好的设计风气我们现在仍然适用。比如德加尼罗（Deganello）在1982年成功设计了Torso多功能休闲沙发系列，这套设计最引人入胜的构思是倡议使用者参与设计，其不同的组成构件之间的多种可能的互置给使用者提供了更多功能的选择，而其明显的不对称构图和沉稳的色彩搭配更多地是受到20世纪50年代设计风气的启发。

图3-10　Serif和Sans-serif字体

图3-11　德加尼罗（Deganello）和他设计的Torso多功能休闲沙发

第五节　亲身体验胜于一切虚拟与想像

所谓亲身体会就是要将自己融入到真正的实际的设计创造活动中去，它和自己独自想像和虚拟的一切是截然不同的。一味地去追求虚拟与想像，只能是退出现实世界，要做一个好的设计，设计者应当去亲身体会，换句话说，就是要以一种实践性的态度去进行设计创造。

20世纪60年代的系统设计方法运动企图把设计思维过程划分成明确的、通用的几个步骤，并把它们贯穿到设计教学的整个过程中去。年轻的设计师们从抽象开始，经过中间几个步骤的学习，就可设计出具象化的产品。许多设计研究就是采纳以上这种设计方法进行的。在涉及到产品的外形时，就运用某些符号学的东西作为辅助工具；在涉及到视觉选择时，就应用计算机形态语法来协助完成。

其实早在从19世纪90年代，英国就有一群教育工作者和设计师，试图把对脑的训练转移到对手的训练上去，他们所提倡的是要懂得设计就应该明白它是怎么产生的。19世纪下半叶，在英国工艺运动和莫里斯等人的学说的影响下，出现了对设计实践的重视，尤其是对坛罐类容器、金属制品、家具以及纺织品的制作工艺实践的重视。到了20世纪的1919年，在德国的魏马建立起了一所以实践设计教育为基础的设计学院，它就是包豪斯。在这里实行的是"车间学徒制"，学校里没有"老师"、"学生"的称呼，取而代之的是"师傅"、"学徒"和"技工"，学生的学习和设计都是在实践中进行的。这样的设计学习方式一直延续到现在，当设计师们亲身投入到实践环节中去的时候，他们能够明确自己所设计的产品在生产的过程中将会遇到些什么问题，这些问题是否能够通过某种方式来解决。如果只是一味地进行纸上谈兵式的设计，往往所创造的东西会脱离实际状况，而所有努力只能是事倍功半。

图3-12　包豪斯的"车间教室"提倡了设计教育培养实际动手能力的重要性

有人认为，强调了亲身体会，注重实践性，会不会不能为设计者提供足够的机会来表达他们自己的观念，其实不然，它让设计者触及到了工业设计所面临的真正实质性问题。设计其实不仅仅是针对事物而言的，它是在一定的社会文化背景下进行的。这就意味着当代和未来的设计者除了对生产环节要进行实践了解之外，还应不受风格概念的主宰，在广阔的文化背景下，亲身去感触时代跳动的脉搏。

第六节　动脑会议

各种形式的设计是相通的，我们都知道广告片的创意思考是多维空间的立体思考，而不是狭窄的单向性思考。它是从多侧面、多角度、多方面探求同一事物的各个层面，去寻找创意的触燃点，这样的广告创意思考是相互激荡、相互启发的启迪式思考。做其他的设计创意时亦是这样的。

动脑会议就像是一种宗教仪式，也是一段游戏时间，这是一种借助于会议，集体动脑、互相启迪的思考方法。它通常采用会议方法针对某一议题集思广益、深入挖掘，直至挖出优秀创意来。

找到好点子的最佳方式就是先找到一堆的好点子，要开好一个动脑会议基本要注意以下几点：

（1）净空心境，使心灵肌肉得到伸展，让团体暂时抛开杂念，最好的方法是要求团体做好相关议题的事前准备与收集工作。

（2）要有针对问题的焦点，找到有切身感受的开放性主题，让参与者可以深入思考，而且答案不受限制。

（3）既然是游戏性的会议，就应该有游戏的规则，在"游戏"中要尽量敞开批评，但不过分批评，不要让发言者闭嘴，不要在中途讨论行不行、对不对之类的

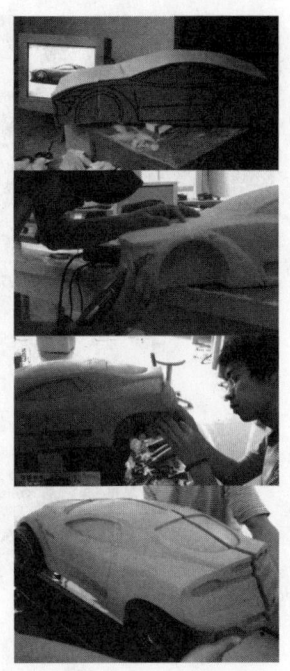

图 3-13　产品设计有别与其他艺术设计就在于实现它的工程化和市场性，学习产品设计必须养成注重实践性的务实精神。图为大四同学在设计过程中以实践的方式不断调整设计与完善设计的过程

问题,要畅所欲言、各抒己见。

(4) 把点子进行编号,同时刺激与会人员的效率,不时地强调问题焦点。

(5) 把源源不绝的点子写在所有人能看到的地方,让团队能够看到进展,回顾有价值的点子,以产生综合效果,从而形成空间的记忆。

(6) 要注意及时进行筑底与跳跃,因势利导时,筑底能让创意动能源源不断,讨论冷淡时跳跃可另开全新的话题以保持新的动能。

(7) 最好的动脑应超越平面化,朝向立体化,对相关东西、竞争产品、别出心裁的设计、现成材料打造的概念原形进行分析,以及亲身体验现有的行为与使用情形,模拟任何可能改善产品的机会。

动脑会议参加人员通常在五人左右或者十人左右,设一位会议主持者和一名记录员。会议主持人预先一两天将议题通知与会者,会议开始后,主持人先将议题和所有相关的背景材料作详尽介绍,然后每个人开动脑筋、畅所欲言,尽可能激发大家的思路。沉默不语是不允许的,也不允许中途讨论什么该不该或者行不行的问题。总之不过分批评、不否定,欢迎提出新想法。

图 3-14 苍蝇的复眼和摄录一体机

大家可以尝试彻底放松、随心所欲,任思绪野马驰骋,哪怕闯到天涯海角也无妨。自由奔放,创意越突出越新奇才越有杀伤力。另外,动脑会议还要力求量大,创意量越大,挑选余地才越大,从中找出好创意的可能性也越大。这样,记录员全面地记录下来,由主持人将这些创意加以整理,去其糟粕,取其精华,做成提案。当然,在这里我们还要强调,在设计创意会议之前,务必要让与会者搞清楚产品的基本状况和设计所要达到的目的,使大家心中有数,不至于南辕北辙地乱想,浪费时间和精力。

一个设计是否能够达到一个理想的效果，可以说企划创意阶段有着决定先导性的地位。所以这样一个包括方法性问题的重要环节是非常值得注意的。

第七节　原形创造是创新的捷径

原形创造就是基于现有的或者原有的产品，进行一定的自我发挥，充分发挥创造力，从而设计出创新型的新产品，原有的设计属性为新产品的产生奠定了基础，使设计者少走了弯路，是创新的捷径。

其实，人类很早就懂得了如何去利用原形，最早的人类使用的工具其实就是人类直接利用了现有的骨头和石头制作而成的，在中国传统武术中也有不少利用了自然界中飞禽走兽的原形而创造的拳法，如猴拳、蛇拳、螳螂拳等。再有如今的飞机是利用的鸟儿的原形；还有汽车以马车为原形；取暖器以火炉灶为原形。同类的与不同类的物在种种相互互为原形的基础上，有着多种多样的变化与创新点，这就为创造新物带来了方便。

人类的创造根本上就是源于对原形的一种利用，也可以说是一种模仿。大自然是物质世界、形状的天地，自然界中有着无穷尽的信息传递给人类，人类的智慧和才能得到了启发。我们在对现有的事物进行观察、类比、模拟，从而得到新的成果。工业设计中常涉及到仿生学，它就是模仿生物系统的原理来建造技术系统，或者是人造技术系统具有或类似于生物系统的特征，可以说它就是把生物系统中的原形运用到人造技术系统中去。仿生学中有很多类，诸如机械仿生、物理仿生、化学仿生、人

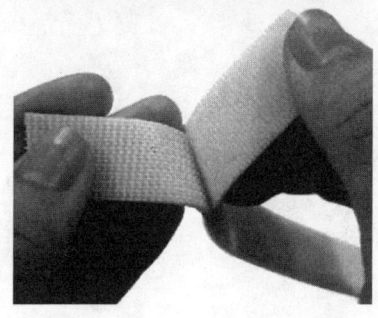

图 3-15　牛蒡和尼龙搭扣

图3-16　苹果公司仿书包原形设计的eMate便携式电脑

体仿生、智能仿生、宇宙仿生等。有的是功能仿生，有的是形态仿生，而其中又有抽象、具体仿生之别。

摄像机就是以苍蝇的眼睛为原形，一次能拍上千张照片，牛蒡能附在狗身上，原因在于牛蒡上长的小钩把它挂在了卷曲的狗毛上，可取下，又可再钩住，经其启发之后，粘合拉开自如的尼龙搭扣被设计了出来。

其实并不一定是针对生物系统的原形才可以进行创造，同样是人造技术系统中的原形也是可以参照来进行创造的，如之前提到的汽车以马车为原形，取暖器以火炉灶为原形一样。

苹果公司工业设计部曾经推出一款学生用的便携式电脑eMate，外壳采用半透明的塑料，而造型的创意正是以学生所用的书包作为原形设计而来的。eMate取得了极大的成功，也预示着iMac的问世。

第八节　培养异花授粉的能力

异花授粉可谓是创新的法宝，它可以帮助设计者突破设计的瓶颈。

我们要学会异花授粉的方法，由此及彼、触类旁通。所谓的异花授粉本意就是指一朵花的花粉给另一植株的雌蕊授粉，在设计创造中它即指将一个系统中的元素运用到别的系统中去，与别的系统结合。各系统之间交互式的结合，得出新的设计果实，从而有了与原先不同的一种创新物的产生。多领域结合的产物必定会比单领域的产品来得丰富、生命力强，有更多的创新因素在其中。因此，锻炼异花授粉的能力对于设计者来说是势在必行且不可缺少的一环。

表 3-3 就针对一个专题案例进行分析。

表 3-3

问题	自行车选手在骑车时喝水不方便，喝水前要先用牙齿拔开管嘴，如果水壶沾满泥泞，动作就更难看
观察	细究自然界最巧妙的设计，心脏的三尖瓣，三片三角形的组织负责开关心脏瓣膜
灵感	把一块橡胶片切成 X 状，喝水时只需拿起瓶子挤压一下，水就会快速喷出，当你停止挤压时，隔片会自动再度密合，把一切东西隔绝在外，瓶水可随时饮用且防止处溢，嘴巴也不会沾上可能会脏兮兮的瓶口
妙方	发现有些护士在使用光笔操控医疗仪器后，没有把线收起来和把光笔塞回盒子，而是经常为方便而随手放置。其实，光笔应该像老式的自来水笔那样需要找个笔架，自行车选手的水瓶橡胶隔片，正好可以解决光笔搁放的问题，在荧光幕下缘打个小洞，塞进橡胶隔片作为笔架，再合适不过了

从案例中我们可以发现，我们涉及到了运动、生命科学和医疗仪器的操控，它们本身并没有什么直接的联系，但是设计者通过对其中的一些问题的思考、联想，在运动员的运动过程中发现问题，联想到生命科学中的心脏瓣膜开关结构，之后运用到运动员的实际问题中，产生了又一次的联想，又解决了医疗仪器操控习惯上的一个问题。不同领域的相互交叉、互通使得设计的效率和成效大大提高，不同问题可以以同一种方式来解决，一个问题也可以通过发散性、传播性的思维来获得更多的解决方式。

参考课时：4 课时
参考练习：
① 自定一个文化要素（如中国的福文化），在对这个文化要素进行认知之后，做一个设计小练习。要求能够体现所认知的文化要素中的精髓，尽量多尝试用本章所介绍的创造方法来进行产品创新设计。
② 利用一个空余时间，以小组的方式，亲身去生活或生产中体验一番。
③ 以 5~10 人为单位，分组尝试举行一次动脑会议。要求分工明确，会前要确定一个理想的话题，会上要积极发言，会后要自己总结分析。
④ 以个人或小组的形式，自定一个设计原形，以其为基础，做一个产品创新设计。要求尝试锻炼自身的异花授粉的能力，同时可以制作一个详细的设计计划，并把诸如亲身体验、动脑会议等内容结合其中。

名师点评:"教之道,贵于专","教不严,师之惰"!
浙江理工大学艺术与设计学院工业设计系
浙江省工业设计协会(筹)秘书长　方强　教授

　　先生柳冠中曾对我戏称:"上贼船容易,下贼船难!"回顾我国工业设计20余年的教育现状,仍让我时时处在一种彷徨和忐忑不安的心境中,当初那些血气方刚、朝气蓬勃的年轻人对学习工业设计是多么热情,如今他们大多已是"奔5"的人了。可环视一下现实的商品市场,又有多少产品是由我们自己培养的工业设计师们设计出来的。

　　由此不能不使人对现有的工业设计教育产生了种种疑惑,我们的大学教育是否只注重了对文化量的表象追求,而从根本上忽略了对科技量的积累,更谈不上对文化质的思考!我们培养的是要解决问题的设计师,是能够解决具体设计问题的高手,而现实是,不管是艺术院校还是理工院校的学生都对科技普遍持排斥态度。如果我们不能在大学教会学生什么是解决产品设计问题的正确方式方法,那么,20几年不出成果的市场怪现象就会循环……"教之道,贵于专","教不严,师之惰"!我想由此而产生对工业设计教学的思考是否应该值得关注!

第四章　专题产品设计要点

第一节　把握时尚因素
第二节　协调功能与创意的矛盾
第三节　具有鲜明的个性特征
第四节　通俗易懂的语意表达
第五节　和谐的人机环境界面

第四章　专题产品设计要点

评价一个专题产品造型开发的设计的优劣，通常有以下几个方面来衡量，即对于设计中时尚因素的把握，功能与创意之间矛盾的协调，个性特征的塑造，语意表达的通俗易懂与人机环境界面的和谐统一等。而这几点正是我们设计过程当中的重点难点所在。

第一节　把握时尚因素

在你设计任何产品之前，必须首先理解人。

随着社会生产力的发展，日益丰富的物质资源及不断提高的生活水平使大众的消费观念发生了质的变化。人们在基本生活条件得到满足之后，渐渐从理性消费转向感性消费，对商品的精神功能有了更高的要求，"时尚设计"也就随之诞生了，并已成为商品宣传广告中的常用词。事实上，时尚已经成为一种生活态度或生活方式的代名词。

在这个商品空前丰富的时代，商品与消费者的关系正在发生微妙的转变，"吸引顾客兴趣"逐渐取代"满足顾客需要"，审美价值又有取代实用性成为产品除目的需求外的潜在趋势。这里存在着一个值得我们注意的问题：作为一名设计师怎样把握时尚的脉搏，让设计的产品始终处于时尚的前沿？

从心理接受的角度上看，一种新式样设计的产品投放市场，对消费者来说是一种具有一定强度的新刺激。被公众认可的过程，其实是消费者对它由不适应到适应，由不习惯到习惯

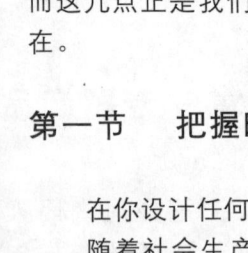
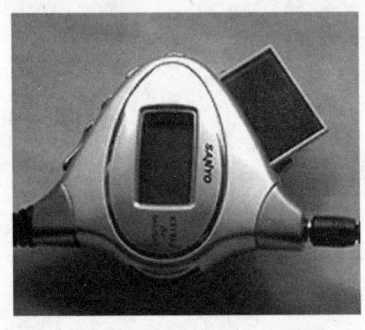

图4-1　时尚的罗技鼠标和三洋时尚电子产品。随着电子信息技术的发展与应用，对这一科技的认同感受到市场的普遍欢迎，人们也借此希望从中获得科技时尚的满足

第四章 专题产品设计要点

的过程。社会群体的适应和习惯由流行所致，而适应和习惯又会导致心理厌倦，厌倦正是流行时尚的"杀手"！

时尚的真正意义在于探索、追求和创新，本质在于变化，它总是呈现着最新的风格。所以时尚产品流行曲线是呈波浪式的。单从这一点看，20世纪50年代美国商业性设计所采取的"有计划的商品废止制"是可行的。因为这种不断推陈出新的样式设计符合消费者的这一心理过程。这一制度的积极倡导者厄尔等人认为这是对设计的最大鞭策，是经济发展的动力，并且在自己的设计活动中实际应用它。事实也证明厄尔的设计曾一度引导时尚潮流，并促进了汽车设计的进步。但代价是社会资源的浪费和消费者权益的损害，而这正是面对当今世界能源、环境、人口危机下设计之大忌。绿色设计，非物质设计才是我们这个时代的课题。

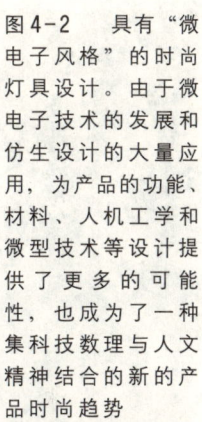

图4-2 具有"微电子风格"的时尚灯具设计。由于微电子技术的发展和仿生设计的大量应用，为产品的功能、材料、人机工学和微型技术等设计提供了更多的可能性，也成为了一种集科技数理与人文精神结合的新的产品时尚趋势

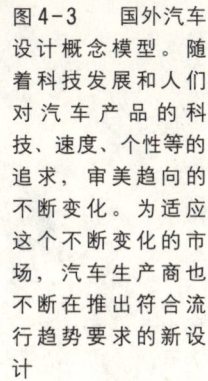

图4-3 国外汽车设计概念模型。随着科技发展和人们对汽车产品的科技、速度、个性等的追求，审美趋向的不断变化。为适应这个不断变化的市场，汽车生产商也不断在推出符合流行趋势要求的新设计

设计师应该首当其冲成为大众趣味的引导者，设计师在一件产品大规模流行之前，就有必要思考和策划下一次的新流行时尚。这就要求设计师要认真研究消费者的真正需求。几乎所有产品的制造商都面临着同样的问题。德杰尔斯克曾指出："当工业企业在产品价格和功能完全相同的情况下展开竞争的时候，迎合消费者的趣味、爱好和流行时尚的设计就成了惟一重要的差别"。

我们称之为"时尚"的设计观念指的是对一个整体的流行趋势的把握，它已超越了单纯的实物，而涵盖了流行产业、

图4-4 为提高办公效率，办公自动化产品成为办公空间的时尚，但是追求流行时尚的设计，不能违背设计的实际功用的原则。上图中的办公产品就协调了功用的实际应用

生活态度等整体的"概念"。随着信息时代的到来，设计应更加注重人们使用产品时的感受，满足人们心理上的时尚追求，而不是产品本身物质品质的体系。正如索尼公司宣称的那样，"在你设计任何产品之前，必须首先理解人"。另一方面，过度的追逐流行时尚不仅会造成资源的浪费，而且还可能导致工业设计走入误区，最终走到设计的反面。

因此，设计师必须明确何时应该顺应流行；何时应该造就时尚；何时应该逆流而行，设计出物质与精神完美结合的"时尚产品"。

第二节　协调功能与创意的矛盾

我们在设计中既要敢于异想天开，又要立足于现有技术。

功能，从词义上讲可以解释为功用、任务、职能、目的等，就是回答"这是干什么用的？"或"这是干什么所必须的？"这类问题。产品的功能是用户期望的目标，是产品具有的满足用户某些需要的特征，也是设计要达到的根本目的。不同产品有不同的功能，同一产品也可能同时具有多种功能，如有实用功能、美学功能、象征功能、社会功能等。

从一定意义上讲，人需要的不是产品，而是产品的功能。比方顾客买一只表，事实上他想买的并不是表这个物品，而是"计时"这个功能，如果表不

图4-5 设计敢于异想天开，形式与功能的结合富有特色

能计时，不具备这一基本功能或实用功能，它就不称其为表，顾客也不会在想买表的时候去买它。

"创意"是指使商品具备前所未有、别出心裁或与众不同的特点。成功创意的关键则是找到能打动消费者并吸引他们注意商品的特性，并通过我们的设计以一种有张力的形式告知消费者。因此，找到了商品与其消费者之间的这种特性关联，就等于找到了说服、打动、吸引消费者购买商品的好创意了。商品与消费者之间的这种特性关联，也就是"创意"。

如何寻找到一个好的创意点，在满足消费者对产品功能需要的同时又能以好的创意打动消费者，并进行整合设计来调和功能与创意的矛盾呢？一般来说是没有规定的程序和办法，但是有一些基本的环节和要素需要掌握。如果善于把这些基本环节和基本要素组合起来，往往就能提炼出一个完美的产品。

从产品的品质、功能及能为消费者提供方便等要素的结合寻找设计创意，是调和功能与创意矛盾的方法之一。如海信"智能绿色环保去磁彩电"的"00"系列之所以特别受消费者的欢迎，就在于它一是采用全方位智能去磁电路，能够消除电磁干扰，自动矫正图像色彩，使图像不变色，延长电视机的使用寿命；二是它采用新一代环保电路，彻底消除了辐射伤害，

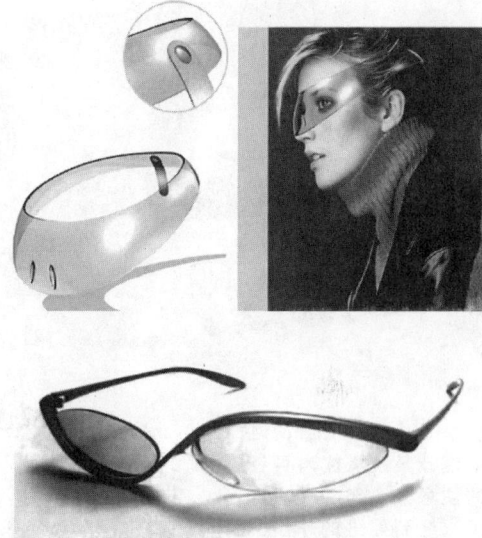

图 4-6　对眼镜设计的探索令我们惊奇。如果能和谐功能与创意的矛盾，富有特色的新产品的实现完全可能

图 4-7　创意泡茶球

图4-8　富有创意的酒架设计紧紧抓住购买者的注意力，产品对营销可以起到促进的作用

图4-9　杭州西湖某宾馆内的吊灯设计，鲜明地表现了西湖那印日荷花碧连天的地方特征

对孕妇、老人、儿童的健康起到保护作用。此创意的运用，使得"00"系列刚一上市便以其黄金般的品质、超前的功能打动了消费者的心，赢得了广大消费者的喜爱，并形成购买的热潮。

我们在设计中既要敢于异想天开、又要立足于现有技术，所设计出的功能是企业用力跃起而又能摸得着的。在遇到创意灵感时，功能设计必须回答下列五个问题：

(1) 第一次知道这种功能，是否能紧紧抓住企业和消费者的注意力？

(2) 是否别人还没有想到和做到？

(3) 它是否属于企业尽力跃起又能摸得着的范围？

(4) 它是否可以用十年以上？

(5) 这个功能的性价比高不高？

一个好的功能，应该是五个肯定的回答。

设计师日常要着眼于：1) 打破传统的思维定势，进行观念创新，将关注的焦点集中在当前和未来行业的产品功能上以及功能转移的方向和速度上。2) 依托"旁观者"的优势。通过发现顾客潜在需求，进行产品和服务的功能设计，帮助企业成为行业的领先者，获取领先优势所带来的超额利益。

第三节　具有鲜明的个性特征

消费者追求的不仅仅是产品的功能，一件重要的产品应该体现出其所有者的个性。

在企业里工作的人，没有不知道CI的，

也就是企业形象识别系统，为了树立自己的企业形象，企业老板们会不惜重金打造产品的品牌。看看这些世界著名品牌：诺基亚、IBM、西门子、可口可乐、麦当劳等等，它们的品牌辉煌鲜明，在人们的心里，它们代表着科技、时尚、欢乐等。然而，这些世界重量级的企业靠的是什么征服了人们，成为它们忠实的消费者？除了管理、营销、广告，更重要的是产品设计，由于激烈竞争的需要，设计的重点不仅是在树立自身产品品质，而且也在追求自身鲜明的个性特征以求更好的市场识别。

一个好的设计，是在产品上设计出属于企业自身文化的明显特征，简单一点来讲，我们为企业设计的产品不用看其商标，仅从其整体产品风格或外观特征就可以识别出其品牌或出身，而这些风格或外观特征正是该企业的企业文化特征的体现。企业文化特征的形成并在设计中的体现，一般需要在较长时间里，由于其质量等方面给人以信赖并在人们心中形成一种固定认可的模式，生产的许多老产品往往给人以深刻的印象，这就要求我们的设

图4-10　IBM个人终端产品IBM3和IBM4。IBM的个人终端产品外观造型始终保持相对稳定的形态，给人以很强的识别感

图4-11　宝马汽车的产品形象，无论时代怎么变换，优秀的性能和造型的特色始终引领行业的发展

图4-12 有时候，设计师抛开他人完全以自我来考虑设计，可以不考虑第三者的一切条件而随心所欲地想像。这样作出来的设计往往个性鲜明，反而会受到部分人的喜欢，因为大家都生活在差不多的社会环境中，遇到大致相同的问题，而且在生理结构方面更是相差无几。因此，正确的个性常常是大多数人所共有的

计要有鲜明的个性特征。

举几个例子：当我们散步在街头，一辆宝马750飞驰而过，简洁而又饱满的设计让我们感觉到一种稳重的气派，车头熟悉的标志和宽宽的后尾箱，让我们感觉到一丝霸气与尊贵……

当我们面对IBM的产品，简洁的几根直线和富有质感的深色亚光处理，让我们感觉到它的冷漠高傲与深不可测的高科技感……

这就是产品的形象给我们带来的震撼力，无论时代怎样变换，优秀的设计总是保持着、演绎着它们鲜明的风格特征，使人过目不忘、铭刻在心，影响着一代又一代人，这是工业设计的最高境界。

美国消费者在购买各类商品和服务方面总共花费大约为6万亿美元，其中大约1/5用来购买个性化或接近个性化的家庭用品。例如，色彩鲜艳的iMac电脑取得的巨大成功不仅挽救了苹果公司，而且还激发了戴尔公司、盖特韦公司和康柏公司的灵感，它们推出了大量造型新颖、成本较低的个人计算机。新型甲壳虫汽车两年前挽救了大众汽车的形象，并且成为促进汽车行业变革的催化剂。制造商们更加重视消费者的兴趣、爱好和欣赏，因为他们知道不这样做人们以后就不会再购买他们的商品了。

帮助大众设计甲壳虫的SHR感性管理公司的创始人之一巴里·谢泼德指出："制造商们认识到，消费者追求的不仅仅是产品的功能，一件重要的产品应该体现出其所有者的个性"。

科技的发展与智能化生产使生产的投入与产出极为自动与简易，个人的需求理想很容易成为可能，信息时代的工作方式、生活方式、思维方式与过去有很大的不同，人的共性需求的满足不再是形态设计的核心。而个人与人性至上将占据人的思想观念，个人的

需求或者小群体人的需求，成为设计师主要考虑的关键，共性的设计被个性的设计所替代，设计师将面对个人或团体的特殊的设计需求，以人为中心的产品设计及生产将从"以群体为中心"向"以个体或小团体的人为中心"的趋向转移，个人的价值与尊严真正得到体现，科学技术的发展不断增进设计中以人为本的理想境界的实现。

所以，我们新时代的设计师，若想使自己的设计保持活力，不被潮流所遗弃，就要尊重技术并让我们的设计尽量具有鲜明的个性特征，充分展示其与众不同的一面。

图4-13　科拉尼仿生茶具

第四节　通俗易懂的语意表达

工业设计应适于人，遵循人的习惯和规律。

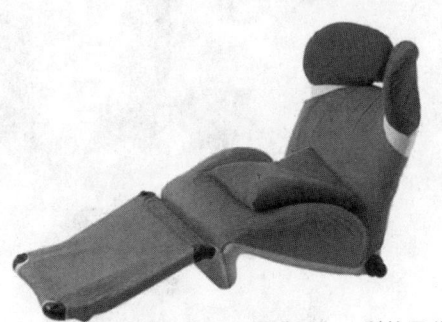

图4-14　科拉尼仿生座椅

人是通过语言、眼神、表情和动作进行交流的，这些被称为符号。在口语交流中，人们通过语意来理解对方的含义。在视觉交流中，人们是通过表情和眼神的视觉语意象征来理解对方。而人们在操作使用机器及产品时，是通过部件的形状、颜色、质感等语意符号来理解的。新产品在使用前到能正常使用，要花费多少时间去学习？一个成功的设计应该做到尽量缩短使用者学习新产品操作方法的时间，利用产品的"视觉语言"传达给使用者，使其能熟练的使用。

不同的国家、不同的民族有不同的语言，但是由"语意学"带来的"产品语言"是没有国家、民族和语言界限的。人们依靠视觉线索去理解产品的"语意"（含义），每一种产品、

构思·策划·实现
Conceive·Plan·Perform

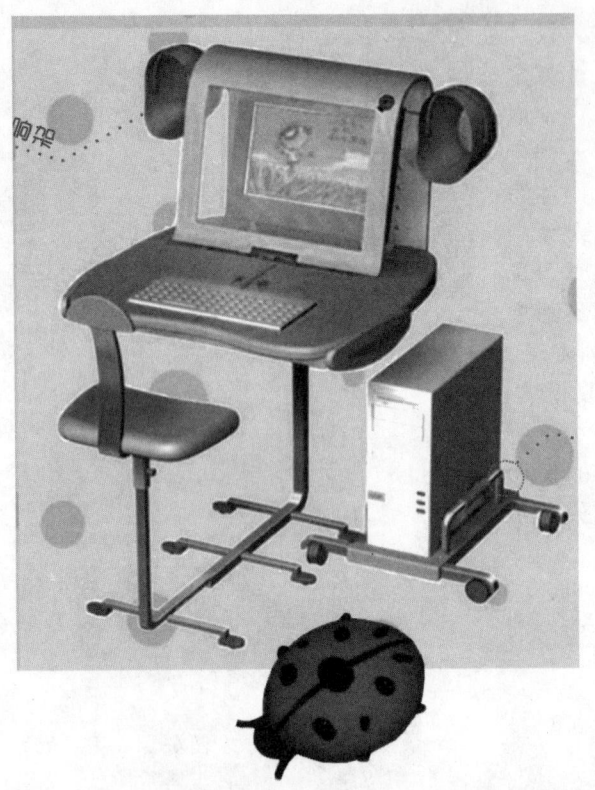

图4-15 学生设计的"小学生电脑学习桌"。设计者联想到小学生喜爱小昆虫的心理,使设计富有生气,但设计的整体性还有待推敲

每一个手柄、旋钮、把手都会"说话",它通过结构、形状、颜色、材料、位置来象征自己的含义,"讲述"自己的操作目的和操作方法,例如一条缝隙表示"打开",圆形表示"转动",红色表示"危险"等。

你怎么会看出房子的门?通过它的形状、位置和结构。如果你指着一面墙说:"这就是门",没有人会相信,人们早已经把门的形状和位置以及它的含义同人们的行动目的和行动方法结合起来,这样形成的整体叫行动象征。同样,水壶、自行车、菜刀等都是行动象征。这些象征的含义是人们从小在大量的生活经验中学习积累起来的,这是每个人的知识财富,设计者应当把这些东西的象征含义用在机器、工具、产品设计中,使用户一看就明白,不需要花费大量精力重新学习。换言之,产品的目的和操作方法应当不言自明,不需要人去解释。怎么才能在人机界面设计中实现这一目标呢?产品语意学认为:通过人们已经熟悉的形状、颜色、材料、位置的组合来表示操作,并使它的操作过程符合人的行动特点。

前些年,日本的电子产品风靡中国大陆,以耐用、小巧而著称,但是当人们冷静的思考时,却发现一些按键与旋钮给人的视觉诱导不清晰,要看一些日文或英文的说明书,甚至有些按键与旋钮至今尚没有使用和尝试过,有很多人曾经告诉我,他们的音响设备不能全部开发和使用。今天AIW和

SONY产品从随身听到台式音响都非常注重"产品语言"的传递，设计简洁，使用方便。

著名工业设计师科拉尼在设计中强调仿生学，他认为产品的设计应符合大自然对其的要求，一改那种呆板的、冷漠的、单一的设计，使人在使用中产生亲切感。也就是说，工业设计应适合于人、遵循人的习惯和规律，这种将语意学运用到工业设计中，就称之为"产品的语言"。设计师将这种语言运用于产品中，并通过产品传达给使用者，使使用者能正确和安全的使用。

产品语意学的口号是"使机器容易懂"，减少学习过程，使机器符合操作者的经验、行为特点和操作想像，从而也能够减少操作出错。产品语意学不是用来使产品性能最佳化，而是使产品和机器适应人的视觉理解和操作过程。

设计中应当提供五种语意表达：

（1）人的感官对形状含义的经验。硬、软、粗糙、棱角有什么含义；

（2）方向含义，物体之间的相互位置，上下前后层面的布局的含义；

（3）状态的含义，包括静止、关闭、锁、站、躺的含义；

（4）比较判断的含义，轻重、高低、宽窄的含义；

（5）操作，设计应当提供各种操作过程的方法，计算机人机界面在这方面恰恰比较欠缺。

我们在进行设计的过程中应该尽量做到以下三点：

（1）不言自明，使产品能够立即被认出来它是什么；

（2）语意适当，采用易懂的操作过程构成人机界面的结构；

（3）自教自学，使用户能够自然掌握操作方法。

总而言之，设计应以人为中心，而不应当以机器功能为出发点，产品应当自己会"说话"，告诉用户它有什么功能、怎么操作，通过其通俗易懂的表达方式达到与消费者和使用者相交流的目的。

构思·策划·实现
Conceive·Plan·Perform

图4-16 现代汽车内部空间的系统设计指标越来越成为消费者驾乘舒适度的衡量标准，要符合人们满意的舒适度首先是设计合理的人机界面。可见人机功学在现代设计中的应用是何等重要

第五节　和谐的人机环境界面

提倡设计产品的同时要研究人、机、环境之间相互关系的规律、作用等问题。

现代工业设计是在科学技术发展过程中，由多门科学相互交叉、综合、渗透并与艺术结合重构而形成的，是交叉科学领域的一门重要学科。它的根本目的是通过设计提示人、机、环境、社会等要素之间相互关系的规律，从而确保人—机—环境系统的总体性能的最优化，实现从"为物质满足而设计"到"适应生存而设计"的转变。

现代工业设计的人机工程系统研究，提倡设计产品的同时要研究人、机、环境之间相互关系的规律、作用等问题，从系统的视角进行设计，从而达到人、机、环境界面的和谐。它主要是研究工程技术与工业产品使用功能和审美设计如何与人体的各种特点和需求相适应，与人的生理、心理结构相适应，与人的生理运动和心理运动的内在逻辑相适应，不仅使人和物组成的整个人—机—环境系统动态平衡、谐调和一致，并且能使人获得生理上的舒适感和心理上的愉悦感，从而以最少、最小、最低的代价赢得最多、最大、最高的工作效率和经济效益。

例如在汽车设计中，驾驶者属于人方面的因素；汽车属于机器方面的因素；公路、交通标志等则属于环境因素。人在驾驶汽车时要根据公路旁边的标志情况和路面状况操纵汽车。这时，人与环境中的标志发生了关系。当人握驾驶盘，踩刹车或油门踏板，人又与机器产生了关系，会产生"握的界面"、"踏的界面"等。而人观察仪表和反光镜时又产生了"看的界面"。在这一整套系统中，有一个环节设计不周全，就会影响安全驾驶和快乐驾驶。因此，如何将这些界面设计的合理，如何将机器设计的能让人便于操作和乐于操作，使驾驶员、汽车、交通这一人—机—环境界面系统设计得合理是我们进行设计中一个不可忽略的关键点所在。

现代工业设计是革新和创造，是人们从需要到产生思想再把这种思想变成现实的过程。它用系统的思想和方法把原理、概念、思维模式，直到材料、工艺、结构、形态、色彩以及经营机制、管理模式都在一个最关键的核心——特定的人群及特定的环境和条件下的需要中去重构。

由此可知，我们的设计，不只是注重产品外形及表面质量的美观，还需注意与产品结构和功能的关系，同时必须满足生产者和使用者的要求，即达到方便人、物、环境协调的人机关系。

参考课时：2 学时
参考习题：
① 通过查阅有关资料或网站，就几种时尚产品对其设计的优劣及时尚流行因素的把握进行整体评价，理解时尚在设计中的作用。
② 通过对某一品牌或企业的系列产品的综合分析，及与其他同类产品的比较，理解产品识别的概念，对设计中产品个性的体现有所了解。

快题概念设计：设计一款个人标识性质的时尚产品。
评价点：时尚性、创意性、自我的个性体现、准确的语意表达、合理的人机界面。

名师点评：设计的人文精神

教育部工业设计专业教学指导委员会委员
浙江大学工业设计系主任　许喜华　教授

　　所谓人文精神，就是以人为一切价值的出发点，以人的尺度、标准衡量一切价值的精神。

　　设计的本质，既非艺术的创造，也非技术的实践。设计在表象上得到设计的结果（如产品），而在本质上则是设计结果（产品）对人需求的回应与满足。作为设计的起点时的设计原则——人的需求，与在设计终点时对设计的评价——满足人的需求的程度，其实都使用了一个尺度，即人的需求。由此，设计的本质与目的与人的需求、与人文精神紧紧相连。缺失人文精神的设计必定是异化的设计，异化的设计导致设计走向服务于人的反面。

　　因而，对设计意义的研究实际上就是对人的研究，是对人自身特征及人的生存方式与不断发展着的需求的研究。

第五章　专题产品研究设计方法导入

第一节　提出设计
第二节　制定计划
第三节　设计准备
第四节　设计定位与目标确定
第五节　具体设计展开
第六节　方案的传达
第七节　市场推广
第八节　改良专题产品实施方案与步骤
第九节　概念专题产品实施方案与步骤
第十节　市场调研内容与方法

第五章　专题产品研究设计方法导入

现代企业的发展从以生产为中心的机械时代、以消费为中心的市场经济时代，进入了信息时代。产品设计在企业进入市场经济时代后，就开始初露端倪。在电子工业兴起的信息时代，产品设计越来越受到企业的重视。新产品的研发能力与速度已成为企业不可忽视的竞争力。

新产品的设计开发，无论是在老产品的基础上进行改良还是全新产品的开发，在长期以来的设计实践中人们总结出一些较为合理的产品设计开发流程，大致分为以下七步：即提出设计、制定计划、设计准备、设计定位、具体设计展开、方案的传达和市场推广等。

针对具体的或更为实际的专题产品而言，其特点是始终需要把握产品的两个要点即企业和市场两者的和谐。一方面，新产品设计通常建立在企业自身结构与开发能力的基础上，才能调动产品开发的动力与实现产品的可能；另一方面，新产品设计应本着以市场决定产品供求的原则进行开发，才会使设计的产品有存在的理由和可能，由此可见专题产品的设计与开发具有非常现实的意义和很强的功利性。因此，对设计师而言，由于设计的产品不同、企业不同和设计目标不同等因素的影响，在具体设计的过程中需要根据产品各自的特性和特点抓重点找突破，以产品设计开发的一般流程为基础，始终把握实际产品开发的两个要点（企业和市场的和谐关系），并围绕这两个要点深入细致地展开的一整套设计活动。

优秀的设计师善于在企业和市场之间找到产品设计的平衡点，产品的设计开发也只有建立在企业和市场良好互动基础上，并发挥设计师深入体察市场动向、把握市场脉搏、契合流行趋势等与众不同的创新优势，加上科学合理地应用产品设计的开发流程，才能促进新产品设计开发可能获得的成功。

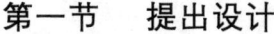

第一节 提出设计

新产品的研发,无论是改良产品设计还是开发新产品设计,大部分企业的决策部门都已有了自己的目的、意图和方向。因此,作为一个设计师,无论是企业内部的驻厂设计师,还是企业外部的自由设计师,从初期就需要与企业保持紧密的合作和信息的互通。因为只有这样良好的互动,才能使设计师更明确企业想要什么。在专题性产品的设计之初,设计师与企业的互动包括:

1.设计师与企业良好的沟通

设计师只有明确了企业开发新产品的目的、意图和方向后,才能制定出准确的设计目标,作出有针对性的设计方案。作为驻厂设计师,必须与企业的主管部门、技术部门和销售部门等人员进行探讨、交流,以明确设计目标。作为自由设计师,可以通过座谈的方式,与企业的相关部门人员沟通,了解企业情况及其设计意图、方向,从而制定设计目标。

企业向设计师提供有关产品的基本概况,其中包括产品的样机、使用方式、工作原理、基本装配、开发意图、目标客户群等。同时设计师须对企业本身所具备的条件、生产能力和未来可达到的生产技术能力有一个基本的了解,这样可以避免在设计中出现一些超出其生产能力的方案,致使设计失败,延误时间。设计师也需要企业了解他的设计能力和业务范围,其中主要包括:设计师的能力、能为企业提供多少服务及相关的收费等。双方只有在相互信任和共同努力的基础上,才能使新产品的开发顺利进行。

2.企业为设计师提供该产品详细的产品说明,并提出设计的要求

(1)所需提供的产品详细说明包括:

1)产品的名称和用途;

2) 产品使用方式的详细说明和产品的功能示意图，产品上各功能键的用途，开关、显示器、指示灯、电源和各种接口的位置、操作方式和顺序等；

3) 产品的使用环境，使用中的注意事项；

4) 市场中同类产品的情况，同类产品的图片；

5) 产品未来的生产技术条件、制造工艺；

6) 新产品的目标客户群以及企业开发所要达到的市场目标等。

(2) 所提出的设计要求包括：

1) 图面要求；

2) 草图、效果图尺寸；

3) 是否加上公司标志等。

3．企业提供相应的产品实物，外部结构及机械内部结构信息

如果企业能够提供该产品的实体样机，这将为设计师提供极大的便利，这将会减少前期单纯凭借对平面图形的猜测而产生的误差和时间上的浪费，并且在设计师切身感受产品的过程中能产生更多新的灵感。这在该产品的人机界面设计中更为重要。

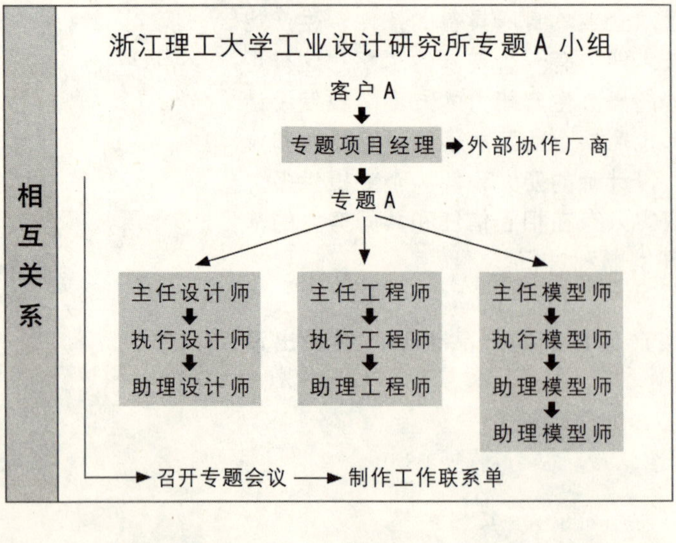

4．设计部门所做的准备

设计师是专题产品的设计开发的关键人物，但他并不是孤军奋战，而是与其他相关人员共同合作，并且在设计开发过程中起着主导和掌控全

图 5-1

浙江理工大学工业设计研究所专题 A 小组

相互关系：客户 A → 专题项目经理 → 外部协作厂商 → 专题 A → 主任设计师／执行设计师／助理设计师、主任工程师／执行工程师／助理工程师、主任模型师／执行模型师／助理模型师／助理模型师 → 召开专题会议 → 制作工作联系单

局的作用。因此，参与专题产品设计开发的除了产品设计人员还有工程技术人员和模型制作人员等，他们各自的职责与相互关系如图5-1。

第二节　制定计划

与国外的产品设计开发有所不同的是国内的产品开发周期大多比较短。因此，设计师就极有必要与企业协调后确定设计周期，制定设计计划。

明确的设计计划能让企业明白工业设计师在设计过程中需要经历的复杂过程，让他们真正理解设计的价值绝不仅仅是一张画而已。不但如此，对设计师而言，明确了设计安排能使整个设计工作有质有序的展开，并且在多个项目并行时有个良好的时间参照依据。制定计划还有利于人员的安排，把每项设计工作落实到设计小组和个人。

在设计计划的制定中，针对某个专题产品的开发，它的设计计划包括：设计项目名称、负责人员、设计人员、时间安排、备注等。其中时间安排又包括：市场调研、创意方案设计（第一轮）、第一轮方案评审、对选定的创意方案深入设计（第二轮）、第二轮方案审核、手板样机制作等。

以上主要是以工业设计师的工作安排为主，但工业设计师所要负责的不仅是这些，在工程图制作时，工业设计师需要不断与结构设计师交流，做好交接工作，并且在产品问世以前的包装、说明书、展览展示及宣传、推广计划中也需要发挥自己的智慧。

制定计划可以帮助确保产品开发的进程，让每一个设计人员都清楚整个设计的基本安排，明确各自的分工，以便充分配合小组其他成员的工作。产品设计不是份单打独斗的工作，团队合作是设计获得成功的关键之一。而设计计划的制定正是为产品设计开发的顺利进行做好充分的前期准备。时间安排需要随时修正，但要在如期达到目标的前提下调整。如图5-2专题设计计划进度表。

时间安排表		内容	人员安排	备注
	6/6	市场调研		
	7			
	8			
	9	创意方案设计 （第一轮）		
	10			
	11		■	
	12		■	
	13	创意方案设计 （第一轮）		
	14			
	15			
	16			
	17	第一轮方案评审		
	18		■	
	19		■	
	20	创意方案 深入设计 （第二轮）		
	21			
	22			
	23			
	24	第二轮方案审核		
	25		■	
	26		■	
	27	手板样机制作		
	28			
	29			
	30			
	1/7	设计报告		
	2		■	
	3		■	
	4	设计报告		

图5-2 专题设计计划进度表

第三节 设计准备

设计的准备阶段也叫酝酿阶段。在企业提出设计、计划制定过程中设计师已对将要设计的产品有了一个大致的了解，而真正进入设计阶段还需要一个准备阶段。

设计的准备阶段包括：

(1) 市场调研；

(2) 分析、收集国内外同类产品的市场信息；

(3) 分析其设计思路与风格、材料与工艺手段、成本与利润、发展动向与趋势，确定产品设计的方向；

(4) 进一步了解分析产品的功能、性能、使用方法、标准、技术要求、造型状况以及现有的和可能获得的材料、工艺手段和工艺实际效果；

(5) 向销售部门和销售员了解这类产品销售情况和消费者的愿望与要求。

产品最终是要推向市场的，消费者的认可与否直接影响到设计开发的结果。因此了解消费者的喜好，如不同地域的风俗人情、不同年龄的人的生活习惯，对产品质量、使用方法、色彩搭配和外观造型的不同看法等等就显得极为重要，因此这就需要在设计准备阶段对市场进行调查。这些市场信息将在产品设计中有助于设计师更好地把握消费者的心理和需求，从而设计出令消费者满意的产品。

专题产品的开发，作为一项长期的开发任务，对市场的跟踪性调查是极为重要的。在了解与产品直接相关的一切现有信息的同时，对于该专题产品有关的非直接信息和潜在的信息的收集也是很重要的。只有在对该专题产品非常熟悉的基础上，对它的前瞻性预测才是更可靠和有效的。

由于市场调查本身就是个相当复杂的体系，因此本章的最后两节将专门介绍如何进行和展开市场调查。

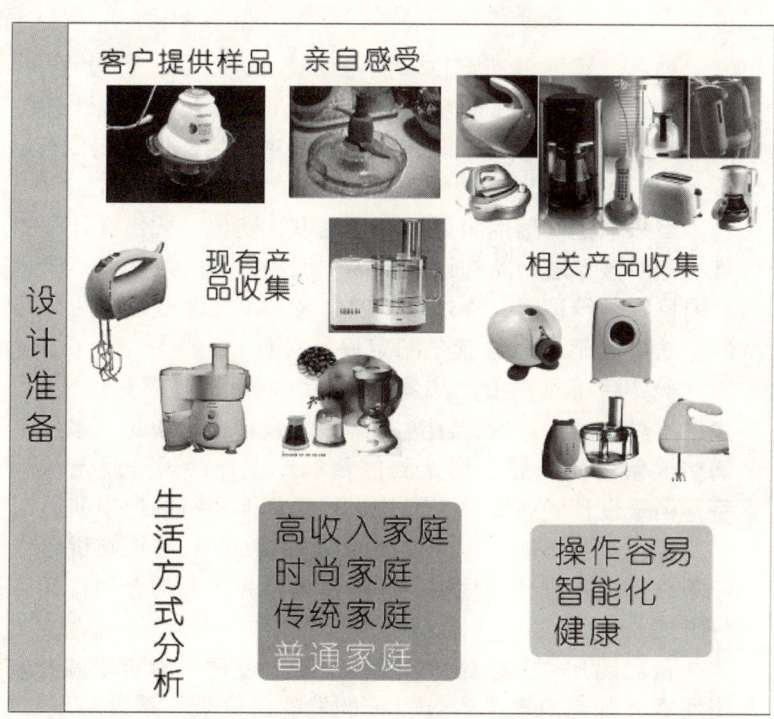

图5-3 是某公司在厨房小家电绞肉机的设计开发的调查资料

第四节　设计定位与目标确定

对企业而言，设计定位是在产品开发过程中，运用商业化的思维，分析市场需求，为新产品的设计方式、方法设定一个恰当的方向，以使新产品在未来的市场上具有竞争力。企业的设计定位一般包括品牌定位、产品定位、消费者定位。

作为设计师，在专题产品开发中，通过前期大量的资料收集与分析，在对企业目前的能力和未来可能的生产条件的了解的基础上，把从中发现的需要解决和可能需要解决的问题与其各种因素，通过归纳和分析找出主要问题和主要原因，根据目前主要有待解决的问题、因素进行设计定位。同时，这种定位也是在企业和消费市场间寻求一个最佳的结合点。

细致准确的设计定位，能帮助设计人员在设计过程中，将注意力集中作用在最重要的问题上，并且还能为设计过程指明方向，少走弯路。设计师在设计中常用的设计定位有：按使用人群的不同、按使用的地点的不同等进行定位。

当搞清楚问题的根源后，根据设计定位，凭借设计师的修养与对该专题产品知识、市场知识的了解，对设计所要达到的目标进行设想。通过反复的思考和酝酿，最后将一个总的想法确定下来，这就是制定设计目标。

确定目标很重要，如同做文章，写什么是事先决定的，如果不确定题目，就无法进行工作。设计也是如此，如果不清楚要解决的问题，要达到的目的，设计的展开就无从下手。由于设计的展开是为围绕设计目标而进行的但最初制定的目标也许会出现不十分准确的情况，因此往往要在进行中不断修正。在设计过程中及时的反馈，是不断的精确目标的好方法。

例如图 5-4，某公司在交通工具开发时，对市场调查分析所得的信息对产品设计目标的准确定位极其重要。

目标人群	年轻人群 　　有想法、充满想像力、勇于尝试、具有创造性、生活在大都市、流行时尚、穿着有个性、关心自己、重视休闲生活、勇于冒险。
主要竞争者	Scoopy-SmartDio-Zommer 　　所有机能造型参照欧洲机车
市场分析	性别分布　　　　　　年龄分布 消费者：18~24岁（8~35）大众市场 　　　　高中大专学生、刚进入社会的上班族 使用者：高中、大学、大专学生和社会青年、上班族
人群特点分析	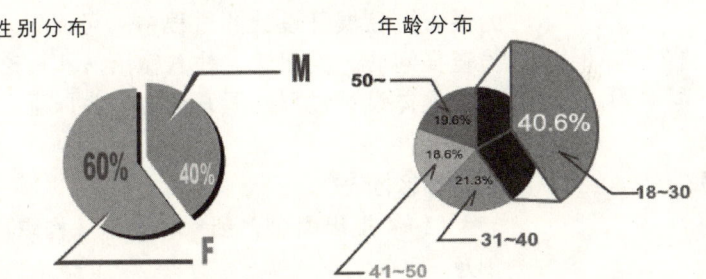

图 5-4

第五节　具体设计展开

具体设计展开是以分析阶段、综合阶段得出的有待解决问题的轮廓为基础，经过发展、变换、转化成具体形态的过程。此过程中，设计人员将重新组织系统，捕捉满意的解决方案。其主要手段是形象草图、设计草图、示意图、草模型等。这个阶段是设计师的想像力最为活跃的时期，他们依靠自己的独创力，在头脑中想像着各种形象，已达到设计轮廓的要求。在展开设计的过程中，可以灵活运用头脑风暴法、检查提问法、类比法、输入输出法和形态分析等方法。

具体设计过程的展开可以分为以下几个步骤。

1．概念阶段

（1）提出概念、创意和设想（构想草图），完善并改进创意。

方案创意是对所开发的新产品的构思或设想，其内容包括产品的基本功能、大致轮廓和制造方式等，据以探索开发新产品的方向和途径。常见的方法有：产品属性列举法、类比法、组合法、转换法、联想法等。设计师捕捉瞬间即逝的构思，充分表达对产品的构思与想法，从各个侧面绘制大量的草图，如图5-5。

2D、3D效果图是从大量草图中确定比较好的几个方案绘制单色的或者有色的立体效果图。通过手绘或计算机辅助设计（二维和三维软件）绘制效果图，把产品完成后的外部基本（不包括局部细节）的立体形态效果用图形表现出来。不确定部分可以通过做模型来搞清楚复杂的立体关系。

（2）第一轮方案评审是企业与设计师对首批方案进行会审。在会审过程中，双方需要积极交流，在交流中寻求最佳的切合点，也就是市场与企业的切合点。

（3）制作具体的工程设计图纸和模型，主要体现在以下三个方面。

1) 设计分析深入——验证设计目标;
2) 3D设计模型——检验外观形态的美感;
3) 外观最终方案——概念方案初步评审定型。
(4) 选择材料,拟定生产工艺和技术结构。

例如:浙江理工大学工业设计研究所,针对不同专题在设计展开阶段绘制的手绘草图,2D和3D效果图。如图5-5、图5-6、图5-7、图5-8。

图5-5　设计草图

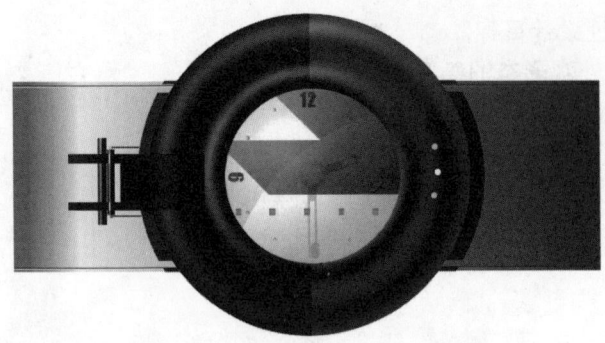

图5-6 左两幅是计算机平面软件绘制的设计效果图

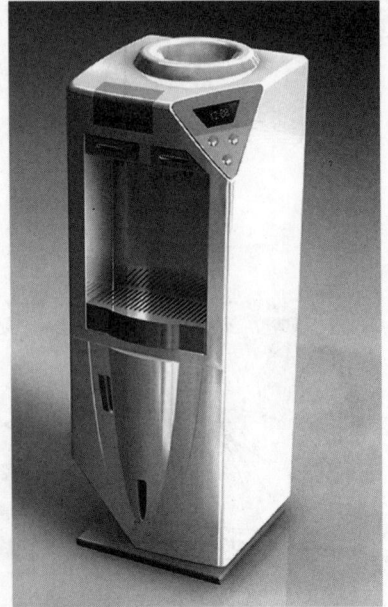

图5-7 右两幅是计算机三维软件绘制的设计效果图

第五章　专题产品研究设计方法导入

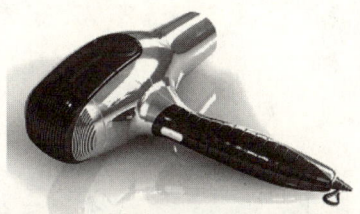

图5-8　上图是计算机三维软件绘制的专题产品设计效果图

图5-9　左图是各个阶段设计人员组织结构的基本情况

组织结构

产品设计部	主要软件
创意发想 概念提炼 电脑辅助工业设计 油泥模型 色彩/图案设计	3dsmax Adobe Photoshop Rhino CorelDRAW 9 Proengineer

工程技术部	主要软硬件
布局检查 CAD/CAM、快速成型 NC加工编程 数控加工 结构设计	数控机床 快速成型机 扫描系统

模型制作部	主要设备
功能模型 基准模型、缩水模型 检、夹具 玻璃钢模型、油土模型 ABS模型	坐标测量机 (3m×3m×3..)

091

2．方案确定

设计师对其创意的可行性加以论证，并通过优化，协调该产品在外观、颜色、细节、特性以及功能等方面的关系，从而使该创意更具可操作性。

（1）第二轮方案审核——将修改后的产品设计方案，再一次进行会审。第二轮方案审核与第一次审核侧重有所不同，对生产工艺技术的论证更加重视。

（2）动画设计——可以应用三维动画演示的方式，推敲论证产品的形态、色彩搭配和使用功能等，模拟产品方案的实际效果。

（3）制图与模型——绘制产品实际尺寸，完成外观模型以及概念设计原型的制作，感受设计效果从视觉到触觉的体验，完善设计细节。

（4）运用三维辅助设计完成具体的工作（设计工程化），制造出样品。

（5）用户试用检验——通过试制少量样品（或仿真模型）投放到目标市场给消费者使用，反馈的信息将作为新产品批量生产前方案调整的参考依据。

3．方案综合研究

所谓方案综合研究是指对设计决策阶段所指出的事项，根据设计目标，设计师进行进一步的分析与研究。这种分析研究不是停留在模型阶段，而是做出实物样机进行各种试验，并模拟工作状态。经过反复试验、调整，生产部门就开始预备生产，销售部门准备试销。在这个过程中，设计师也要积极参与产品试销的工作，

图5-10　某公司所做的控制器模型

为销售人员解释新产品的特点、收集消费者的使用信息和反馈意见等，以在正式生产前作最后的调整。

4．方案评价

在评价阶段中，方案是通过试销、试用的手段，由消费者和使用者对产品进行评判。设计师和企业要从收集的试用方案的资料中，寻找使用上的缺点，查漏补缺再进行正式生产销售。

第六节 方案的传达

通过评价阶段，设计工作基本完成。但是，要使设计方案投入生产，设计师必须运用传达技术，以使设计表现清晰、完整。因为设计的产品是由设计者之外的人进行制造的，而生产活动是企业中各个部门的事情，所以要让整个企业都充分了解设计方案。因此就必须有设计图、效果图、模型乃至样机来表达设计。为了让制造部门、技术开发人员、制造计划人员、经营部门和商业部门更好的理解设计意图，把好产品设计质量关，设计师还必须传达下列信息：设计所考虑的使用场所、使用对象、产品销售范围、使用时间等等。

方案的传达主要包括：结构初步方案、外形工艺修正、产品结构设计、图纸结构验证等。

图5-11 是某企业产品的生产线。工业设计师要做好方案表达，需要了解企业的生产技术背景，否则设计的产品脱离企业实际，既可能导致企业原有生产设备闲置而使生产设备的利用率降低，又因为新产品生产需要新的设备投入而使开发的成本提高，衰减了新产品在价格竞争上的优势

第七节 市场推广

当产品投入大批量生产、销售时，产品的设计人员也应在产品的市场推广中贡献他们的智慧。在这期间，设计人员

与销售人员一起制定销售计划，设计人员的参与能够使销售人员在推销产品时能更明确地向消费者介绍产品，使消费者更清晰的明白这件产品的特点与其价值所在。同时，设计人员也在与推销人员及消费者的接触中重新审视自己的设计，并进一步了解消费者的需求，为产品的改良做准备。设计人员在市场推广中的相关工作有：

（1）外观装饰设计，其包括以下三个方面：

1）装饰色彩设计——产品的色彩、材料肌理等效果的设计。

2）装饰图案设计——产品本身的品牌标志、文字和装饰贴花效果等。如摩托车、汽车上的装饰图案就是进一步提高视觉审美效果的一种好的装饰方法。

3）包装设计——运用最能够反映产品鲜明个性的视觉形式，加强新产品推广的视觉识别性，准确传达商品信息，才能在同类产品设计的市场推广中起到好的效果。

（2）宣传推广设计。宣传推广设计主要在以下几方面需要产品设计人员主动参与：

1）广告设计——指宣传画册、平面广告、影视广告等。

2）店内展示设计——店堂陈列、店内POP等。

专题产品设计流程图大致分为三个阶段七个流程，即提出设计、制定计划、设计准备、目标确定、设计定位、具体设计展开、方案传达和市场推广等七个方面，如图5-12列表。

提出设计	设计师与企业良好的沟通。 企业为设计师提供详细的产品说明并提出设计的要求。 企业提供相应的产品实物，结构及机械内部结构信息	图5-12
制定设计	设计计划包括：设计项目名称、负责人、设计人员、时间安排、备注等。 时间安排中包括：市场调研、创意方案设计（第一轮）、第一轮方案评审、对选定的创意方案深入设计（第二轮）、第二轮方案审核、手板样机制作等	设计前期阶段
设计准备	市场调研、分析、收集国内外同类产品的市场信息。 分析其设计思路与风格、材料与工艺手段、成本与利润、发展动向与趋势，确定产品设计的方向。 进一步了解分析产品的功能、性能、使用方法、标准、技术要求、造型状况以及现有的和可能获得的材料、工艺手段和工艺实际效果。 向销售部门和销售员了解这类产品销售情况和消费者的愿望与要求	
目标确定设计定位	设计师的设计中常用的设计定位有：按使用人群的不同、按使用的地点的不同进行定位等	设计前期阶段
具体设计展开	概念阶段 ·提出概念、创意和设想（构想草图），完善并改进创意。 ·第一轮方案评审。 ·制作具体的工程设计图纸和塑胶模型。 ·选定材料，确定生产工艺和技术结构。 方案确定 ·第二轮方案审核。 ·进行动画设计，色彩搭配，制图。 ·完成外观模型以及概念设计原型的制作。 ·运用三维辅助设计完成具体的工作，制造出样品。 ·用户试用检验。 方案综合研究 方案评价	设计中期阶段
方案的传达	结构初步方案、外形工艺修正 产品结构设计、图纸结构验证	
市场推广	·外观装饰设计 装饰色彩设计、装饰图案设计、包装设计 ·宣传推广设计 广告设计（宣传画册、平面广告、影视广告等） 店内展示设计（店堂陈列、店内POP等）	设计后期阶段

第八节　改良专题产品实施方案与步骤

改良性专题产品开发设计是基于现有产品的优化和改进设计，使产品更适应人的需求、市场的需求、环境的需求，或者更适应新的技术手段。然而技术的进步是无止境的，因此产品改良的可能性将是无限的。同时，改良性专题产品开发也是增强产品竞争力的重要手段。对原有的产品进行改良，是对原有产品外形及功能的改进对消费市场的拓展，开发新的用户群以及对生产过程的改进。因此改良设计是建立在对原有产品充分了解的基础上展开的。

设计可以从两个方面入手：

（1）可以从分析现有产品的"不良"之处，即存在的缺点。为了使这个分析过程具有清晰的条理性，经常采用一种"产品部位部件效果分析"的设计方法。

（2）由于原产品的缺点经常是针对某一具体的使用场合而言的，所以还必须把产品的使用场合，包括使用环境、使用者与使用方式等作为衡量的标准。

改良性专题设计的实施流程基本与一般设计步骤相同，同样需要准备、定位、设计、传达等四个阶段，所不同的是其设计过程是建立在原有产品的基础上的。具体体现可以分以下五个步骤：

（1）寻找原产品在不同使用场合、不同的使用者在使用时各关键部位可能遇到的问题；

（2）选出主要的几项内容进行技术更新；

（3）根据甲方要求，在时间、成本、实际可能性的限制条件下，进一步筛选出本次开发的一个或几个主攻方向；

（4）针对决定的主攻方向逐个细致的进行研究，探讨解决方案；

（5）在一定量的方案中评估筛选最佳方案。

第九节　概念专题产品实施方案与步骤

专题产品的概念设计是指由分析用户需求到生成概念产品的一系列有序的、可组织的、有目标的设计活动，它表现为一个由粗到精、由抽象到具体不断进化的过程。概念设计的目标是研制出将投入市场的新产品。

概念专题产品要求设计师对未来的科技发展和人们的生活方式进行合理预测，在设计思维中排除现阶段科技水平及市场等方面的实际条件限制，从宏观的、多元的角度思考，为未来的设计寻求既有科学性又有艺术性的更加丰富、全面的内涵。概念设计本身也许并不参与批量生产，但概念设计对批量生产的产品有着引领、指导的作用，在可能的情况下可以批量生产。

专题产品概念设计的起始点较为普遍的有两种，一种是由技术为先导的，即因新技术的产生和应用，出现全新的产品；第二种，是由需求为先导，顾名思义就是发现人们潜在的需求或因时代变化新出现的需求，并为满足这种需求设计新的产品。

概念专题产品设计的实施方法也是一个提出问题解决问题的过程。它大致可以分成三个主要阶段：

1．概念的产生阶段

通过各种方式的调查研究或从新科技中得到灵感而产生初步想法，把想法整理成清晰的、待解决的问题。对问题提出创造性的解决方案，在这个过程中所得到的众多解决方案即为概念设计方案，这时提出的可行概念越多越好。

概念的产生阶段主要解决两个问题：需求的概念化、概念的可视化。我们大致可以把概念设计分成以下几个步骤：

（1）了解用户真正的需求及工程技术；

（2）把产品的功能细化、分解（问题分解）；

（3）逐个解决功能需求（逐个解决问题）；

（4）把各个部分的解决方案整合起来，得到整个产品（问题的解决）方案。

2．概念的选择阶段

制定评判的标准，从产生的众多概念中，选择出最好的、最可行的方案。

在概念的选择过程中，新产品开发小组中各专业人员要共同工作，并努力达成一致意见。已经产生的众多概念，每个概念从表面上看似乎都能满足要求，但必须从中选出最有发展潜力的概念，进行接下来的设计工作。

概念选择的方式主要有：外部决策、产品支持者、直觉、多数表决、辩论、原形和测试、决策矩阵等。其中较为客观和有效的选择方法大致可以分为以下四个步骤：

（1）形成统一的评判标准；
（2）形成统一的概念选项格式；
（3）概念选项评估、排序；
（4）去除无用的概念选项。

3．概念的实现阶段

把选择出来的最好的概念细化，做出概念产品或模型。

概念的实现是概念设计的最后一个步骤。在企业，产品概念设计一般以概念产品的出现而结束，而对于个人或学生由于技术及财力方面的原因要做到这一点就比较困难，往往只能做到概念模型或动画演示，以及对概念设计的详细说明。

概念的实现包括以下六个步骤（在企业中，这个过程通常主要由工程师完成）：

（1）制定工程约束；
（2）确定形式（图纸或模型）；
（3）确定整体尺寸；
（4）确定子系统尺寸；
（5）装配；

(6) 概念产品或模型。

对于个人或学生，本套书中有一册为模型制作方法，具体地介绍了模型的制作。

生活中总是会出现各种各样的问题，因此相对于改良设计而言，概念设计考验着设计师敏锐的眼光。设计师发现问题，并用预想的概念来解决问题，所以，概念设计更重要的是观察。要善于观察生活发现问题，以突破传统的思考方式来探索并解决问题。

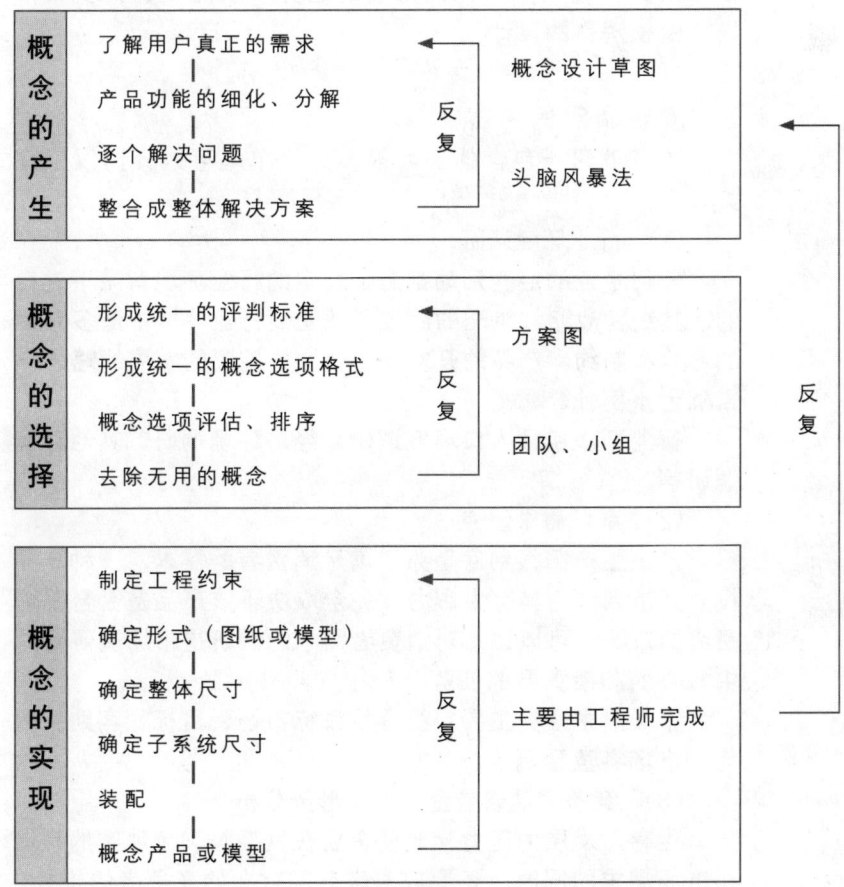

图5-13　产品概念设计流程图

第十节 市场调研内容与方法

在开发或进入某一特定市场之前，市场调研是探索市场的基本工具，其将帮助决策者识别和选择最有利可图的市场价值；当企业进入市场之后，它又是市场信息反馈系统的重要组成部分，通过市场及时地向经营者提供关于市场的反馈信息，以便经营决策者对市场营销组合进行适当调整。

市场调研在专题产品设计开发中尤为重要，设计师只有在不断的市场调查中把握市场的趋势，从而设计出引领市场、引领消费的设计。

1．市场调研的内容

市场调研所包含的因素很多，简单地可以分为以下几类：

(1) 行业环境调研

任何企业的经营活动都是在特定的行业环境背景下进行的，其经营战略和策略的制定必然受到行业环境中诸多要素的影响和制约。产品的开发作为企业的重要的发展战略之一当然也不例外。

行业环境包括人口环境调研、经济环境调研、其他环境调研等。

(2) 市场需求研究

产品生产归根到底是为了满足消费者的需求，一种产品投放到市场是否具有生命力，完全取决于该产品是否合乎消费者的口味。可以说，对消费者需求的调研是市场调研活动中核心的和最重要的任务。

市场需求研究主要包括寻找目标市场、目标顾客购买行为、市场容量预测等。

(3) 竞争者调研与企业竞争形势分析

生存与发展的压力，迫使企业在发掘与满足现实的和潜在市场需求的同时，还要应对来自同行业的竞争者的挑战。

(4) 市场营销组合要素调研与分析

市场营销组合要素的调研与分析的目的是帮助企业正确地使用这些基本的市场营销工具，在更好地满足顾客需求的同时，达到企业经营的目的。其主要包括产品调研、价格调研、渠道调研、销售促销调研。

2．市场调研的方法

市场信息数据的收集方法包括：

(1) 二手资料的收集

二手资料是相对于原始资料而言的企业内外部的现有资料。一般不是为了特定的市场调研而专门收集的，但是它们却与某一特定的市场调研具有一定的相关性，市场调研人员可以从中获得有关所需调研的大概信息，分析出有关市场调研主题的基本轮廓，因此为了节省时间、精力和资金成本，市场调研工作往往会先从这里开始。

(2) 抽样调查

在大量的实地市场调研活动中，由于各种条件限制，市场调研人员不可能对每一个需要了解的调查对象进行逐一的调查，而只能从被调查者总体中抽选一部分具有一定代表性的样本进行调查，因此抽样法在市场调研中被广泛的应用。

(3) 问卷调查

问卷调查是企业进行实地调查，搜集第一手市场资料的最基本的工具。

问卷设计主要包括：问卷的制作、问题的设计、态度设计等。

(4) 访问调查

询问是最基本的市场调查方法之一。

(5) 其他还有实验调研、实地调研、专家调研等

下表为某企业针对手机市场所做的调查问卷，以及对所获信息内容的设计，仅供参考。

手机市场调查问卷

1. 月收入:
   A 1000~2000   B 2000~3000   C 3000~4000
   D 4000以上
2. 能接受的手机价格:
   A 1000~2000   B 2000~3000   C 3000~4000
   D 4000以上
3. 喜欢的手机颜色:
   A 绿   B 蓝   C 灰   D 黑   E 银色   F 黄   G 其他
4. 您使用哪种按键形状感到比较舒适:
   A 凹形   B 凸形   C 平形
5. 您希望手机屏幕:
   A 大一点   B 小一点   C 一般
6. 您的拨号习惯:
   A 右手单手操作   B 左手单手操作   C 双手操作
7. 手机使用环境:
   A 家里   B 办公室   C 户外   D 会议   E 车载
   F 其他
8. 购买手机时重点考虑的因素:
   A 价格   B 品牌   C 功能   D 售后服务   E 质量
   F 其他
9. 感兴趣的手机:
   A 普通   B 折叠式   C 拉伸式   D 翻盖式
   E 手表形   F 其他
10. 需要的选配装置:
    A 车载附件   B 耳机   C 车载充电器   D 其他
11. 集寻呼、通讯和中文短信息于一身的手机:
    A 好   B 一般   C 不好
12. 手机的携带:
    A 方便   B 不太方便   C 容易遗失   D 其他
13. 对手机上进行各项网络服务:
    A 感兴趣   B 不感兴趣   C 无所谓   D 其他

14. 防盗功能：
    A 需要　　B 不需要　　C 无所谓　　D 其他
15. 对手机重量的满意度：
    A 满意　　B 不满意
16. 振动功能：
    A 需要　　B 不需要　　C 无所谓
17. 键盘功能是否方便：
    A 方便　　B 不方便
18. 您对GPS手机（可在显示屏显示地图及您所在位置）是否有兴趣：
    A 感兴趣　　B 不感兴趣　　C 无所谓　　D 其他
19. 您对可视手机（可在显示屏显示对方图像）是否有兴趣：
    A 感兴趣　　B 不感兴趣　　C 无所谓　　D 其他
20. 您是否有手机：
    A 已有　　B 近一年内购买　　C 不打算购买

手机销售网点调查

1. 销售网点所在城市、地址、名称：
2. 销售网点销售手机品牌有：
   A 东信　　B 索尼　　C 松下　　D 摩托罗拉
   E 诺基亚　　F 西门子　　G 爱立信　　H 飞利浦
   I 阿尔卡特　　J 三星海尔　　K 康佳　　L 波导
   M 海尔　　N 其他
3. 销售量最大的三种手机品牌是：
4. 销售量最大的三种手机型号是：
5. 用户最喜欢的手机色彩有哪三种：
6. 销售量最大的手机价位在：
   A 1000元以下　　B 1000~2000　　C 2000~3500
   D 3500元以上
7. 哪三种品牌的手机比较注重在销售网点宣传（包括海报和样本、POP等）：
8. 手机厂家最着重宣传的特点是：

9. 最畅销的机型：
   A 折叠式　B 拉伸式　C 翻盖式　D 普通式　E 其他
10. 今年手机主要购买者的年龄为：
    A 18～25岁　B 26～40岁　C 41～55岁　D 55岁以上
11. 今年手机主要购买者的性别为：
    A 男　　　B 女
12. 主要购买者最关心的手机功能是：
13. 销售网点于＿＿＿＿年开始销售手机。
14. 其他有关信息：

参考课时：4 课时
参考习题：
① 在课后产品设计实践中制作一张设计工作时间安排表，并在设计过程中按照计划进行；
② 利用课外时间以 5－8 人为一小组，针对某个专题产品作为期半个月的市场调查（提交内容包括：调查样表、调查结果数据分析、结论及预测等）。

名师点评：发挥工业设计师独特的能力
中国美术学院工业设计系副主任　雷达　教授

工业设计不同于科学研究，也不同于纯艺术创造，设计创造以综合为手段，以创新为目标的高级复杂的脑力劳动过程。工业设计师们往往不善于像工程师那样严格地按照自然的属性去办事，而敏于人的属性与自然属性的某种均衡，他们的工作没有固定的模式，创新是他们的惟一天赋。他们勇于开拓社会生活，甚至社会生产的新方式。他们协助企业在市场经济的风浪中生存与搏斗，立足今天，创造明天。

第六章　专题设计案例——学生手机设计

第一节　设计课题分析
第二节　设计产品调研
第三节　设计概念导入
第四节　设计提案

第六章　专题设计案例——学生手机设计

第一节　设计课题分析

当今手机的设计可谓是工业设计的一个热门研究课题，从移动电话用户的年龄层来看，21-25岁、26-30岁、31-35岁的消费者是移动电话的三支重度消费群，近年来一直分占前三名；这三支消费群中尤以21-25岁、26-30岁两支消费群为主，占据整个消费群中最多的一部分；31-35岁段的用户群虽有所下降，但不容忽视。20岁以下用户群的比例近年来一直在增长，他们中有一部分人和21-25岁的年轻学生一起构成了18-25岁的手机活跃消费群。

学生手机就是在功能上能够为学生的学习生活提供方便，在外观上为学生所喜爱，在价格上能够为大部分学生所接受，在环保方面能够做到对学生身体无伤害保证健康的手机，即具有时尚、实用、价廉、环保特色的手机才能够称为真正的学生手机。

第二节　设计产品调研

1．市场调研

（1）学生手机市场分析

1）市场容量和潜力

校园的学生群体当中，大学生、准大学生群体是目前学生消费群体的主力军。目前学生手机月消费量约在35万部左右，约占市场总消费量的10%，虽然还不能说是对市场起举足轻重的影响，但这一特殊的消费群体具有其他群体所不具备的优点和潜力，抓住这块市场，对于厂商来说大有裨益。首先是群体的规模大小和增长速度。随着近几年来各地高校的不断扩招，目前全国每年新增大学生超过了250万，高校在校生人数得到了快速发展,而这些年龄段在 18-25 岁的年轻人正是手机消费的主要群体。此外,大学生基本以集体生活为主,相互间信息交流很快,这就非常利于进行集中式的促销活动,与在市场上相比,同样的促销投入能得到更高的效果,尤其是对一些进入市场不久、知名度不高的手机品牌来说,往往能起到事半功倍的作用。

另外,根据问卷调查显示,学校的大学生的手机拥有率为 26.5%,在"如果你没有手机,打不打算去买一部"的问题中,选择"有这个计划,过一段时间就去买"的占 46.7%,而选择"这对我没有吸引力,我不会买"的被调查人仅有 17.4%。沿海城市有 57% 甚至更多的大学生拥有手机(上海《中学生报》对该市 5 个区的高中职校学生抽样调查后发现,被调查者中 30% 拥有手机)。

随着手机市场首次购机比重的逐渐萎缩,每年近 250 万的入校新生和近 200 万毕业生的大学生市场就显得尤为重要,他们将是以后首次购机人群稳定的主要组成部分。此外,大学生群居性、集中性购买的特点非常利于商家们进行季节性的重点促销,能得到更高的投入产出比,年轻人勇于尝试的个性特点也给了一些手机中小品牌与大品牌竞争的机会。目前的大学生用户就是将来的中高端用户,抢占大学生市场,不但能提升现在的市场占有率,也是在抢占未来中高端用户的心理市场。

由以上分析,我们可以得出结论:学生手机市场是个很广阔的具有巨大发展潜力的市场。

2) 目前学生手机市场份额分析

在学生市场份额排名靠前的品牌中,学生市场份额偏高的品牌有摩托罗拉、诺基亚、西门子等,这几个品牌无一例外都是主要以低端机冲击市场,目前国产品牌在学生市场中认可度也在不断提高。

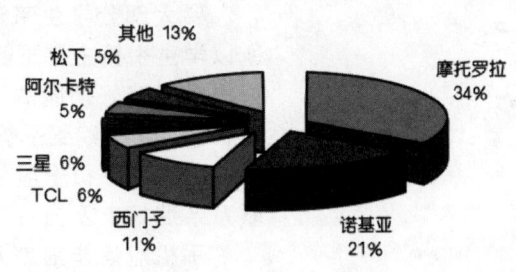

图 6-1　学生手机市场份额

众多手机厂商与经销商都认为低价位、造型时尚的手机就是学生手机，但是这是否就能成为学生的最佳选择，是否就能够真正满足学生的潜在需求呢？下面我们对学生消费群的特点来做一分析，或许我们能够发现什么。

(2) 学生群体特点分析

针对目前的学生手机市场这块大蛋糕，商家们怎样才能得到大部分份额呢？只有针对学生的特点进行分析，进一步的细分市场找出学生的潜在需求和市场空白，针对不同学生群体开发产品或进行针对性的营销手段，才能够抢占市场。下面我们就来对学生群体的特点来进行分析：

1) 学生手机消费群的特点

① 没有经济收入；
② 追逐时尚、注重个性张扬；
③ 易于接受新事物；
④ 需要更多的情感沟通与交流；
⑤ 物品的使用易"喜新厌旧"；
⑥ 主要任务是学习；
⑦ 生理上处于生长发育阶段；
⑧ 学生基本以集体生活为主，相互间信息交流很容易受影响。

2) 学生消费者的购买准则

大、中学生购买手机主要考虑因素是时尚个性化款式、功能、价格、品牌等。

要大部分学生来选购自己真正喜欢的手机是不现实的，所以学生手机主要把眼光放在了低价位而且有时尚感、造型好看具有较好功能的手机上。

3) 学生购买手机的主要目的

学生买手机一般是为了交流、沟通，用途多为发短信和联系亲朋好友及方便学习、求职。

手机短信非常热火，似乎有战胜普通通话成为手机主要功能的架势。学生也是手机短信的伟大贡献者，学生生活单调，发发短信解解闷成了手机一族无聊时候的主要活动；而同学之间、亲朋好友之间的联系现在也主要依靠手机短信，毕竟写信太麻烦了，发邮件没电脑还得跑到网吧上网，打电话又太贵了，所以手机短信就担当起了这个桥梁与纽带的任务。

方便找工作是学生手机的另一个重要用途，许多同学们都配备一款手机，并宣称这是求职的武器，怕公司相中联系不上而白白丧失机会。

学生希望产品提供的方便，学生的天职就是学习，所以学生都希望手机能为自己的学习带来方便并能够提供与学习有关的功能，例如电子词典、学习计算器等，这些也是学生所希望的物有所值。

4) 学生获得手机途径的分析

大学生获得手机的途径中，家人购买的占总调查人数的45%，自己购买占51%，朋友赠送占3%，来历不明占1%，但购机费用有93.8%来源父母或长辈。

（3）学生手机市场成功发展和对策

根据以上分析可以得出，手机厂商如果明白学生购买手机的主要用途和潜在需求利益，结合学生特点再在手机功能上下一些工夫，这样设计生产出来的产品将会更容易赢得这一块市场。

所以在这里可以提出以下学生手机概念：学生手机就是在功能上能够为学生的生活学习提供方便，在外观上为学生所喜爱，在价格上能够为大部分学生所接受，在环保方面能够做到对学生身体无伤害保证健康的手机，即具有时尚、实用、价廉、环保特色的手机才能够称为真正的学生手机。

其产品的基本特点有：

时尚——个性化的外观设计和功能搭配、时尚的款式和颜色。

实用——电子词典（汉英互译）、电子书（可下载）、超强短信息、计算器、记录本（可储存公式或其他笔记）、智能时间表（计时、提醒）、智能中文输入、来电显示、电话簿检索、闹钟功能、内置振动和振铃、和弦音乐等等，别忘了还有强大的娱乐游戏功能。

价廉——价格水平应该在学生消费的承受限度之内。

环保——手机发射功率极低，辐射极少，对人体无伤害以保护学生的大脑。

而纵观整个手机市场，目前好像还没出现能够为学生的生活学习提供方便具有时尚、实用、价廉、环保特色的真正学生手机，所以学生市场还存在这样的市场空白，厂商若能够抓住这个机遇定会获得巨大的发展。

2．手机基本结构、材料、工艺调查

（1）手机的基本结构

手机结构一般包括以下几个部分：

1）LCD、LENS

材料：材质一般为PC或压克力。

连接：一般用卡钩加背胶与前盖连接。

分为两种形式：①仅仅在LCD上方局部区域；②与整个面板合为一体。

2）上盖（前盖）

材料：材质一般为ABS加PC。

连接：与下盖一般采用卡钩加螺钉的连接方式（螺丝一般采用$\phi 2$，建议使用锁螺丝以便于维修、拆卸，采用锁螺丝时必须注意盖子的材质、孔径）。摩托罗拉的手机比较钟爱全部用螺钉连接。

下盖（后盖）

材料：材质一般为ABS加PC。

连接：采用卡钩加螺钉的连接方式与上盖连接。

3）按键

材料：橡胶，PC加橡胶，纯PC。

连接：橡胶键主要依赖前盖内表面长出的定位钉和盖子上的骨架定位。橡胶键没法精确定位，原因在于橡胶比较软，如键垫上的定位孔和定位钉间隙太小（<0.2mm～0.3mm），则键垫压下去后没法回弹。

4) Dome

按下去后，它下面的电路导通，表示该按键被按下。

材料：有两种，Mylar dome 和 Metal dome，前者是聚酯薄膜，后者是金属薄片。Mylar dome 便宜一些。

连接：直接用粘胶粘在 PCB 上。

5) 电池盖

材料一般也是 PC 加 ABS。

有两种形式：整体式——即电池盖与电池合为一体；分体式——即电池盖与电池为单独的两个部件。

连接：通过卡钩加按钮（多加了一个元件）和后盖连接；

6) 电池盖按键

材料：POM。

种类较多，在使用方向、位置、结构等方面都有较大变化。

7) 天线

分为外露式和隐藏式两种，一般来说，前者的通讯效果较好；标准件，选用即可。

连接：在 PCB 上的固定有金属弹片，天线可直接卡在两弹片之间，或者是一金属弹片一端固定在天线上，一端的触点压在 PCB 上。

8) 扬声器

通话时发出声音的元件。为标准件，选用即可。

连接：一般是用海绵包裹后，固定在前盖上（前盖上有出声孔）；通过弹片上的触点与 PCB 连接。

麦克风

通话时接收声音的元件。为标准件，选用即可。

连接：一般固定在前盖上，通过触点与 PCB 连接。

蜂鸣器

铃声发生装置。为标准件，选用即可。

通过焊接固定在 PCB 上，机架上有出声孔让它发音。

9) 耳机插孔

为标准件，选用即可。

通过焊接直接固定在PCB上，机架上要为它留孔。
10) Motor

Motor带有一偏心轮，提供振动功能。为标准件，选用即可。

连接：有固定在后盖上，也有固定在PCB上的。
11) LCD

直接买来用。

有两种固定样式：①固定在金属框架里，金属框架通过四个伸出的脚卡在PCB上；②没有金属框架，直接和PCB的连接：其一种是直接通过导电橡胶接触；一种是排线的形式，将排线插入到PCB上的插座里。

12) 防护屏

一般是冲压件，壁厚为0.2mm；作用：防静电和辐射。

13) 其他外露的元件

测试端口

直接选用。焊接在PCB上，在机架上要为它留孔。

SIM卡连接器

直接选用。焊接在PCB上，在机架上要为它留孔。

电池连接器

直接选用。焊接在PCB上，在机架上要为它留孔。

充电器

直接选用。焊接在PCB上，在机架上要为它留孔。

以上只是CANDY BAR结构，若是CLAM SHELL结构，还要考虑BASE和CLIP的连接结构，像扬声器、麦克风的连接，还有插针式及引线式等。

(2) 手机彩色屏幕调查

实际应用中，影响彩屏效果的并非是所谓色彩数的高低，而是应该在于屏幕所采用的材料（STN-LCD、TFT-LCD、UFB-LCD）以及屏幕的像素大小。

1) 屏幕类型

目前市场上的彩屏手机屏幕一般有三种类型：UFB、STN、

TFT。STN 是早期彩屏的主要器件，最初只能显示 256 色，虽然经过技术改造可以显示 4096 色甚至 65536 色，不过现在一般的 STN 仍然是 256 色或 4096 色的，其优点是：价格低，能耗小。TFT 的亮度好，对比度高，层次感强，颜色鲜艳。缺点是比较耗电，成本较高。UFB 是专门为移动电话和 PDA 设计的显示屏，它的特点是：超薄、高亮度，可以显示 65536 色，分辨率可以达到 128 × 160 的分辨率。UFB 显示屏采用的是特别的光栅设计，可以减小像素间距，获得更佳的图片质量。UFB 结合了 STN 和 TFT 的优点，耗电比 TFT 少，价格和 STN 差不多。

2）颜色质量

现在市面上可以见到的一般有三种颜色质量：256 色、4096 色和 65K（即 65536）色。不同颜色质量的显示效果不同。显示分成三类：普通文字、简单图像（类似卡通这样的图像，主要是选单图表和绘制的待机画面）和照片图像。至于对照片质量要求苛刻的用户，65K 色当然是最佳选择，但不需要强求，因为 65K 与 4096 色之间在实际照片的表现效果上差距远没有 4096 色与 256 色的差距那么大。

3）屏幕尺寸

分为物理尺寸和显示分辨率两个概念。物理尺寸是指屏幕的实际大小。大的屏幕同时必须要配备高分辨率，也就是在这个尺寸下可以显示多少个像素，显示的像素越多，可以表现的余地自然越大。两台手机的屏幕大小差不多大，为什么一个只能显示两行汉字，一个却可以显示五行汉字，抛开字体大小差别，关键就是屏幕的分辨率，后者分辨率大一些，自然在同样字体大小下可以显示更多行的汉字。彩屏手机的确好，没有足够大分辨率的屏幕表现，如果连一张人头照片都放不下，再高的颜色质量又有何用。彩屏手机屏幕在 128 × 128 左右。

(3) 手机常用材料及工艺

1）ABS 丙烯腈－丁二烯－苯乙烯共聚物

典型应用范围：电气和商业设备（计算机组件、连接器等），器具（食品加工机、电冰箱抽屉等），交通运输行业（车辆的前后灯、仪表板等）。

2) PC 聚碳酸酯

典型应用范围：电气和商业设备（计算机组件、连接器等），器具（食品加工机、电冰箱抽屉等），交通运输行业（车辆的前后灯、仪表板等）。

注塑模工艺条件：干燥处理，PC材料具有吸湿性，加工前的干燥很重要。建议干燥条件为100℃到200℃，3~4小时，加工前的湿度必须小于0.02%。

熔化温度：260~340℃。

模具温度：70~120℃。

注射压力：尽可能地使用高注射压力。

注射速度：对于较小的浇口使用低速注射，对其他类型的浇口使用高速注射。

化学和物理特性：PC是一种非晶体工程材料，具有特别好的抗冲击强度、热稳定性、光泽度、抑制细菌特性、阻燃特性以及抗污染性。PC的缺口伊估德冲击强度（Otched Izod Impact Stregth）非常高，并且收缩率很低，一般为0.1%~0.2%。

PC有很好的机械特性，但流动特性较差，因此这种材料的注塑过程较困难。在选用何种品质的PC材料时，要以产品的最终期望为基准。如果塑件要求有较高的抗冲击性，那么就使用低流动率的PC材料；反之，可以使用高流动率的PC材料，这样可以优化注塑过程。

3) PMMA 聚甲基丙烯酸甲酯

典型应用范围：汽车工业（信号灯设备、仪表盘等），医药行业（储血容器等），工业应用（影碟、灯光散射器），日用消费品（饮料杯、文具等）。

注塑模工艺条件：干燥处理，PMMA具有吸湿性，因此加工前的干燥处理是必须的。建议干燥条件为90℃、2~4小时。

熔化温度：240~270℃。
模具温度：35~70℃。
注射速度：中等。

化学和物理特性：PMMA 具有优良的光学特性及耐气候变化特性，白光的穿透性高达92%。PMMA 制品具有很低的双折射，特别适合制作影碟等。PMMA 具有室温蠕变特性。随着负荷加大、时间增长，可导致应力开裂现象。PMMA 具有较好的抗冲击特性。

4) PC/ABS 聚碳酸酯和丙烯腈-丁二烯-苯乙烯共聚物和混合物

典型应用范围：计算机和商业机器的壳体、电器设备、草坪和园艺机器、汽车零件（仪表板、内部装修以及车轮盖）。

注塑模工艺条件：干燥处理，加工前的干燥处理是必须的。湿度应小于0.04%，建议干燥条件为90~110℃，2~4小时。

熔化温度：230~300℃。
模具温度：50~100℃。
注射压力：取决于塑件。
注射速度：尽可能地高。

化学和物理特性：PC/ABS 具有 PC 和 ABS 两者的综合特性。例如 ABS 的易加工特性和 PC 的优良机械特性和热稳定性。二者的比率将影响 PC/ABS 材料的热稳定性。PC/ABS 这种混合材料还显示了优异的流动特性。

(4) 手机键盘材料及加工

通用硅胶一般用于镭雕，塑料加硅胶，IMD 加硅胶，组装弹性导电薄膜和金属导电薄膜，键面喷涂，可根据美工要求选择多种颜色，根据特殊组装需要，经济实惠。

镭射雕刻、透光效果：字体透光、提高产品价值。

薄膜：轻薄、短小、结构精细、装配简易、永不磨损、允许三维设计及变化多样的颜色和图案，该按键可以和聚酯薄膜（或金属）开关、冷光片组装以减少装配时间和成本。

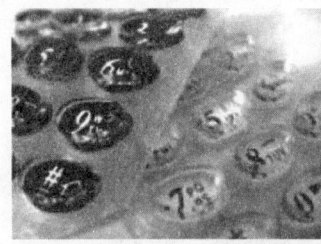

塑料加硅胶：塑料与硅胶结合可达到柔和的手感及耐磨效果，目前多用这种工艺。

薄膜加硅胶：特殊表面喷涂或电镀工艺具优质金属感的注塑键帽和硅胶组装产品。

利用 P 加 R 的方法基础上，利用不同的处理也有不同的效果，在设计的时候可以根据需要选择，比如通过溅镀、镜面油印刷或者拉丝等等处理方法。

上图 6-2　塑料加硅胶
中图 6-3　薄膜加硅胶

左图 6-4　镜面油印刷效果

右图 6-5　双色注塑、加电镀

3．通讯产品色彩与造型调查的统计分析

(1) 色彩特点

红色：兴奋、热烈、激情、喜庆、高贵、紧张、奋进
橙色：愉快、激情、活跃、热情、精神、活泼、甜美
黄色：光明、希望、愉悦、阳光、明朗、动感、欢快
绿色：舒适、和平、新鲜、青春、希望、安宁、温和
蓝色：清爽、开朗、理智、沉静、深远、伤感、寂静
紫色：高贵、神秘、豪华、思念、悲哀、温柔、女性
白色：洁净、明朗、清晰、透明、纯真、虚无、简洁
灰色：沉着、平易、暧昧、内向、消极、失望、抑郁
黑色：深沉、庄重、成熟、稳定、坚定、压抑、悲伤

(2) 消费者对近未来通讯产品的色彩要求

喜欢的颜色

① 总体情况

数据显示，白色系列是消费者最喜欢的颜色，银灰色和黑色也是消费者比较喜欢的颜色，其次是蓝色。另外，绿色、红色、黄色、紫色等也受到部分消费者的喜欢，但只占少数。

② 城市差异

从各城市的数据可以看出，白色、黑色、银灰色仍然是最流行的色彩，特别是广州、北京和武汉，另外在城市之间还是有一定的色彩趋向差异的。

③ 群体差异

从购买情况看，计划购买者比已购买

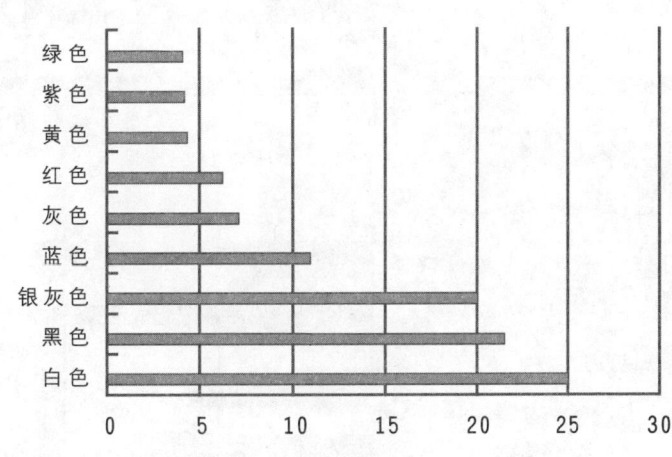

图6-6 消费者喜欢的颜色系列

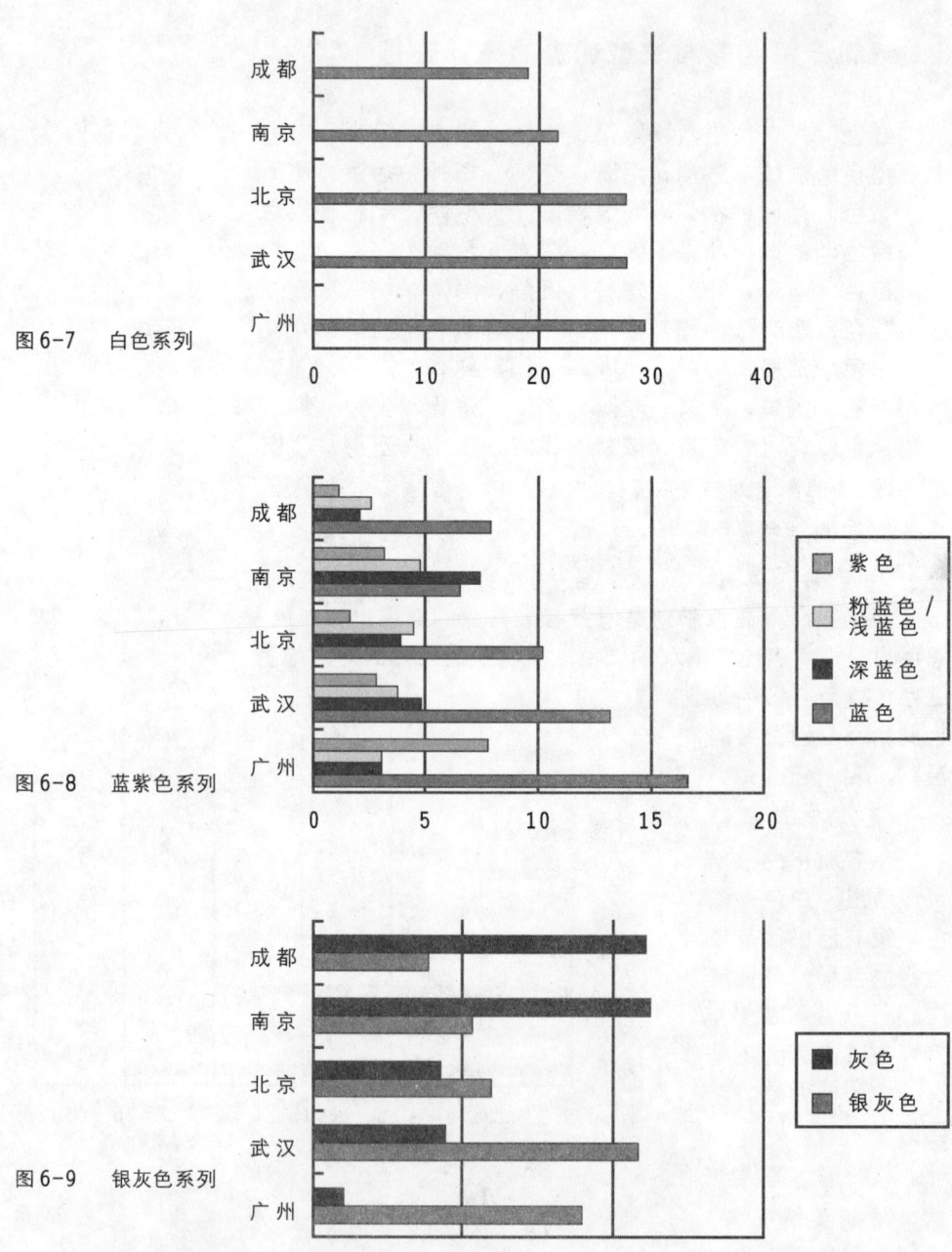

图 6-7　白色系列

图 6-8　蓝紫色系列

图 6-9　银灰色系列

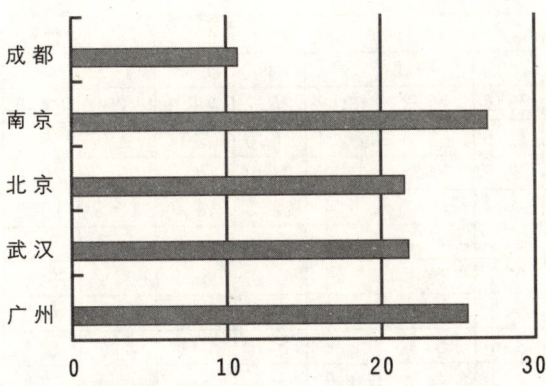

图 6-10　黑色系列

者更喜欢银灰色。女性较男性更倾向于灰色，而男性对黑色兴趣更浓。25-30 岁的人更愿意选择白色和黄色；31-35 岁的人更喜欢黄色和蓝色；各年龄段中，最喜欢绿色的是 36-40 岁的消费者；46-50 岁倾向于灰色。

从职业看，企业管理人员较喜欢白色；教师、医生、技术人员对蓝色的兴趣超过其他群体；个体户、私营、企业主对红色的兴趣明显高于其他群体；家庭主妇、无业、退休人员对白色、蓝色、灰色的兴趣更浓；业务员、保险经纪人对白色、天蓝色、灰色的兴趣较大。

从文化程度看，高中及以下程度的消费者更喜欢红色；本科及以上更喜欢黄色和银灰色。

从家庭收入看，中低收入家庭更偏爱红色；高收入家庭对蓝色、银灰色更喜欢。

消费者选择各种颜色的原因有很多，选择白色的消费者认为它干净，易与家居配衬，纯洁、高雅、清爽；米白色给消费者的印象是大方华贵、清爽优雅；蓝色吸引人的是好看、耐脏、干净、易与环境配衬、有活力；深蓝色耐脏、易与环境配衬、大方、庄重、深沉；银灰色的魅力在于雅致、庄重而不失活力、时尚；灰色华贵、易与环境配衬、优雅大方、耐脏；黄色干净、易与家居环境配衬、明快、大方；黑色的特点是耐脏、庄重、大方、华贵；红色够鲜艳、醒目、有活力，给人热情和喜庆的感觉。

表 6-1 不同背景消费者喜欢颜色

颜色	购买情况		性别		性别				
	计划	已购买	男	女	25-30	31-35	36-40	41-45	46-50
白色	23.7	26.3	23.2	26.7	28.6	25	24.5	20.7	23.3
黑色	21.5	21	26.4	16.5	20	19	19	23.6	22.1
银灰色	22.3	17.3	18.2	21.8	17.5	23.3	20.6	18.6	19.8
蓝色	11.2	10.1	9.4	12.3	11.7	13.9	10.3	10.7	12.8
灰色	7.1	6.4	5.6	8.5	5.4	6.7	7.5	7.1	9.9
红色	6.3	6.8	5.6	6.9	6.4	7.9	3.6	9.3	5.2
黄色	5.2	3.3	4.7	4.0	6.8	5.0	4.0	1.4	2.3
米白色	3.5	5.3	2.8	5.6	3.9	4.6	5.1	5.0	2.3
深蓝色	4.3	4.8	3.0	5.1	3.2	6.3	1.6	5.0	5.2
粉蓝/浅蓝	3.3	3.3	2.4	4.5	4.3	4.2	3.6	2.9	4.1
绿色	3.4	3.7	3.7	2.9	2.5	1.3	5.9	3.6	3.5
紫色	3.3	3.3	2.8	3.4	3.6	2.1	5.1	2.1	1.7
乳白/奶白	2.5	2.9	2.8	2.4	1.8	1.3	2.4	5.0	4.1
天蓝色	2.8	2.0	3.2	1.6	3.9	0.8	2.4	1.4	2.9
粉红/浅红	2.5	2.0	2.1	2.4	1.8	2.1	3.6	1.4	1.7

表 6-2 不同文化程度消费者喜欢颜色

颜色	初中及以上	高中/中专职中/技校	大专	本科及以上
白色	20.7	25.5	27.4	25
黑色	24.2	19.9	24.2	18.2
银灰色	13.5	13.5	24.2	25.3
蓝色	9.1	12.0	11.9	8.9
灰色	6.6	9	4.8	6.3
红色	8.9	7.1	6.7	4.5
黄色	4.0	3.6	3.6	7.3
米白色	2.5	4.5	5.2	4.2
深蓝色	5.1	3.2	4.8	4.2
粉蓝/浅蓝	2.5	2.9	4.8	4.2
绿色	6.1	3.6	1.6	2.1
紫色	2	3.6	3.2	3.1
乳白/奶白	1.5	2.9	2.4	3.1
天蓝色	1.5	2.5	2.0	3.6
粉红/浅红	2.5	2.7	0.8	2.6

颜色	党政干部/公务员/事业单位人员	企业高级管理人员/厂长/经理	一般职员/职工/工人	教师/医生/技术人员	个体户/私营业主	家庭主妇/无业/退休	业务员/保险经纪人
白色	24	34.6	17.9	24.5	24.6	31.5	39.1
黑色	20.2	17.3	25.5	17.4	24.6	19.6	20.3
银灰色	16.1	16.3	22	28.5	15.8	22.8	15.6
蓝色	9.6	9	11.4	12.9	9.2	13	4.7
灰色	2.9	8.3	7.3	7.7	4.6	9.8	12.5
红色	6.0	3.8	6.5	5.8	9.7	7.6	3.1
黄色	1.9	3.8	4.7	3.9	4.6	5.4	4.7
米白色	6.7	2.3	4.1	5.8	3.1	3.3	3.1
深蓝色	4.8	1.5	5.0	2.6	3.8	5.4	4.7
粉蓝/浅蓝	3.8	4.5	4.4	1.9	3.1	4.3	1.6
绿色	1.9	4.5	3.2	1.9	3.8	2.2	3.1
紫色	4.8	5.3	2.3	1.3	2.3	2.2	3.1
乳白/奶白	2.9	2.3	2.6	1.9	1.5	6.5	1.6
天蓝色	1.9	3.0	1.5	2.6	0.8	4.3	1.8
粉红/浅红	2.9	2.3	2.6	1.3	3.8	2.2	-

表 6-3 不同职业消费者喜欢颜色

（3）消费者对近未来通讯产品的形状要求

从不同消费者的背景来看，高中级以下文化程度者比较偏爱方形、大众化，美观大方；大专文化程度者喜爱流线型；而高程度的人可能更注重体积小、造型高雅而有个性。

形状	广州	成都	北京	南京	武汉
方形	44.6	28.8	41.7	45.9	30
小巧/轻便	12.1	15.9	22.7	6.8	20.4
流线型	6.3	24.5	25.9	8.2	6.5
椭圆/鹅蛋形	18.3	20.2	5.6	7.7	4.3
圆形	10.7	4.3	13.4	7.2	9.1
仿生形态	10.3	1	2.8	1	15.2
卡通/可爱	4	0.5	1.9	6.3	8.3
修长	7.6	0.5	5.6	3.9	3
有弧形	1.8	1.4	4.6	6.8	3
四角圆	2.2	-	3.7	4.8	1.7
薄	2.7	0.5	3.7	1.4	3

表 6-4 各城市消费者喜欢的近未来通讯产品形态

中低收入消费者对表面处理的要求是磨砂、光面及金属质感；高收入者更喜欢喷釉珠光及透明。

消费者认为小巧型的通讯产品灵便、不占地方、手感好、科技含量高；卡通型的可爱、有装饰作用、款式新颖、美观大方；方形的吸引力在于美观大方、取放灵便、手感好、大众化、不占地方；选椭圆形的消费者看重的是美观大方、取放灵便、流线型、手感好；圆形因取放灵便、小巧、手感好、款式新颖、可爱而受到欢迎；修长的形状取放灵便、美观大方、不占地方、手感好；流线型的形状特点美观大方、手感好、新潮而有时代感。

表6-5 各城市消费者喜欢的产品形态的原因

原因	广州	成都	北京	南京	武汉
美观大方	32.1	33.2	38.9	36.2	32.2
取放灵便	13.8	15.9	29.2	20.8	32.2
轻巧便携	15.6	9.1	13.9	9.2	19.1
手感好	20.1	10.6	14.8	10.5	9.6
款式新颖	11.6	6.3	5.1	6.3	3.9
大众化	9.4	5.3	5.6	7.7	5.2
线条流畅	5.4	8.2	6	8.2	2.6
新潮	4.9	5.8	9.7	1.4	3.5
可爱	0.5	2.4	3.7	3.9	4.3
装饰性	0.4	1.4	4.2	5.3	6.1
与家居搭配	-	2.4	5.1	5.3	2.2
和谐感	4.5	1.9	3.7	1.4	1.3
稳重	3.6	1.4	1.4	3.9	2.6
圆滑	-	1.9	5.1	2.9	1.3
立体感强	1.8	3.8	1.9	1.9	1.3
线条简洁	2.7	2.4	1.9	1.9	1.7

4．问卷及网络论坛调查

（1）问卷调查统计

1）您是学生吗？

    A 是   B 否

2）您觉得应该有专门为学生使用设计的手机吗？

    A 是   B 否   C 无所谓

3) 您觉得学生手机的消费潜力大吗？
   A 大　　　　B 不大
4) 您觉得现在市面上适合学生购买使用的手机多吗？
   A 多　　　　B 不多　　　　C 一般
5) 您比较喜欢国外品牌的手机还是国内品牌的手机？
   A 国内　　　B 国外　　　　C 无所谓
6) 您觉得手机应该具有哪些附加功能？
   A 记事本　B 学习　　C 闹钟　　D MP3　　E 游戏
   F 收音　　G 拍照　　H 摄像　　I 上网
7) 您觉得哪些颜色比较适合学生手机？
   A 红　B 黑　C 银　D 灰　E 蓝　F 黄
   G 绿　H 紫　I 橙
8) 您觉得学生手机的售价应该定在哪个范围内比较合理？
   A 0~1000元　　B 1000~2000　　C 2000~3000
   D 3000以上
9) 您买手机最注重什么？
   A 价格　　B 质量　　C 造型　　D 售后　　E 品牌
10) 您觉得学生手机应该有强大的娱乐游戏功能吗？
    A 应该　　B 不需要　　C 无所谓
11) 您更换手机的时间长短为？
    A 0~个月　　B 6个月~1年　　C 1~2年
    D 2年以上
12) 您觉得手机造型越新奇越好吗？
    A 是　　　　B 否
(2) 网络论坛调查摘要（billwang 论坛）
学生手机设计的着眼点 - BillWang 论坛
　　学生和年轻人是很有消费力的人群，针对他们的手机设计着手点有哪些呢？在这里我提出讨论话题，大家要积极讨论响应哦！！！
　　时尚是必不可少的，我觉得还应该力求简洁，现有的手机功能不少，但是步骤繁琐，哪天手机设计的一个按键一次操作就能完成你所有的任务那就太棒了。

成本是关键，学生多穷啊！没钱再时尚也买不起……

没有必要，学生还要分有钱和没钱的，手机不是必须消费品，提倡学生使用是不妥的。

应该提倡大众化的设计，不管是穷的还是富的都可以用，就像福特汽车一样。

外形与众不同；电话本要超大容量；通话能听清楚就行；信号无所谓……，绝大部分都在校园里；短信必不可少，功能要多；价钱两极分化。

我认为：经济加实惠最为学生所爱，呵呵~~~~~~~~~~~

大容量MP3加收音机，用以应付英语学习。

都有点道理！

我也是认为学生的要便宜又要功能齐全一些，但要避免一些无用的商务功能，不要认为什么都有就最好。

这种就不用想了，年轻人还能怎么样，无非是个性，学生就是便宜加个性，当然都是在保证基本功能的前提下。

还是多为老年人想想吧~上海好像有个组织搞什么捐手机的活动，大家为什么不考虑一下设计适合老年人使用的手机呢？

主要是实用便宜型。

贵的最好带MP3。

有感情的手机。

其他的如重量不能太重，功能要全，容量要大，这些已都是基本功能了。

实用性好，功能不需要太多，多了也用不到，能发短信和打电话就行了，设计要简约，本人比较喜欢欧洲风格的手机设计。

(3) 总结

通过问卷和网络论坛调查，可见学生手机有着很好的前景，有着众多可塑性较强的卖点，在设计时要重点考虑到功能、个性、价格，以适应年轻人的需求。

5．现在市场上部分适合学生的手机（图片列举）

图6-11 现在市场上部分适合学生的手机

6．同类产品类比

（1）诺基亚 3300 游戏手机

诺基亚 3300 是专门针对手机游戏迷设计的，集通讯、游戏、多媒体和网络通讯等功能，按键的增大适合游戏操作。有四种颜色可以选择，尺寸为 114mm × 63mm × 20mm，个头比较大，重量为 125 克，4096 色的彩屏。

（2）三星 X400

三星小巧的 X400 是颇符合东方人审美观的产品，设计紧凑精致，屏幕所占的比例也比较大。虽然它标明是游戏手机，却并不像诺基亚的游戏手机那样独特；而且型号和国内上市的 X319 是同一型号。X 系列手机的英文定义是 X-Generation，属于娱乐类的手机，此系列手机在功能上以娱乐为主。

翻开外屏之后给人惊喜的感觉，按键一如通常的三星紧凑金属按键，并利用不同的颜色突出了通常游戏需要使用的方向数字键。其体积为 86mm × 46mm × 20mm，重量为 90 克。主屏幕采用了 65K 色 TFT 液晶屏幕，分辨率达到 128 × 160 像素。机身前面有一块金属面板标明 GAME 字样，强调是一款游戏手机。

（3）ATELAB Research Chameleon 游戏手机

Chameleon 是一款专门为游戏爱好者设计的手机，按键设计采用了传统手机的键盘设计，没有专门为游戏功能在键盘上设计其他的排列方式，在拨打电话时一个手就可以完成拨号的任务，没有任何不方便的感觉。和普通手机惟一不同的地方是它有两个导航键，一个在手机的下方，是手机功能的导航键；而另一个在手机的上方，是为游戏专门设计的游戏操纵键盘，两个导航键的设计为

上图 6-12　诺基亚 3300
下图 6-13　三星 X400

电话功能和游戏功能提供了最大的方便。

　　Chameleon 在游戏功能上保留了普通手机游戏的功能，在此基础上还增强了使用的舒适度及游戏的品质和种类。并且，此款手机支持 JAVA，也可以通过 GPRS 下载自己所喜爱的游戏。Chameleon 不光在游戏功能上出类拔萃，作为手机也是毫不逊色的，它支持 SMS、GPRS，而且还有能配备数码摄像机，进行照相及摄像的功能。

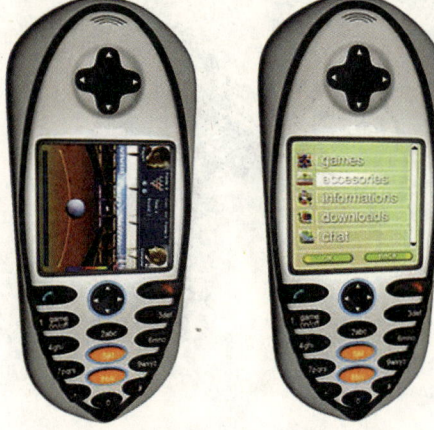

第三节　设计概念导入

图 6-14　ATELAB Research Chameleon 游戏手机

1．设计定位

　　适合年轻学生使用的、具有强大多媒体及娱乐游戏功能的时尚的中端直板手机，售价在 1500～2500 元范围之内。

2．设计概念描述

　　(1) 年轻的族群特点

　　有想法、有看法、充满想像力、勇于尝试和创新；生活在都市区，注意流行动向，穿出自我的风格；关心自己，重视休闲生活，勇于冒险。

　　(2) 购买心理

　　喜欢自己与众不同，衣服一定要是单色，不能抢过主角，能够体现我的风采；手机造形要抢眼，铃声更要自创，除了要造型最好再加点人性，在这个人人自我要求的年代，我一定要生活的和你不一样。

　　(3) 手机与宠物

　　摸摸你的头，你会开心的摇尾摆头，你会撒娇、会听话，

只差不会说Hello！我可以教你握手、翻筋斗，因为你是我最棒的朋友。猜猜我今天又要带给你什么好心情？帮我看看和我玩游戏，我会快乐的在屏幕前跳舞；嘿！嘿！短信又来了，来认识一下新朋友吧。

（4）玩乐派时代

童心就是一切。希望藉由色彩、配备及线条设计的组合来塑造出有趣、好玩的情境；整体的造型给人安全、信任的感觉；让生活就是玩乐的开始！

科技持续发挥威力，人们移动与游乐的频率越来越快，休闲的时间加长，消费的年龄越来越早，休闲活动理所当然是年轻人的一种时尚。

（5）好于行动的个体

这是一个DIY的独立新时代，自己敲敲打打，布置自己的房间，刷自己的墙，一个人独处发现了前所未有的轻松自在，可以自己决定穿着、决定打扮、决定心情、决定墙上的海报、决定桌上的水杯，这是一个汰旧换新自己做主人的时代。

图6-15　年轻人喜爱流行亮丽的单纯

(6) 色彩追求

1) 单纯配色

根据产品的流行色彩，化妆品的色系，搭配流行服饰等的色调，如图6-15。

2) 特殊配色

涂装的想法加入服饰的概念和布料的花色。

3) 年轻的符号——主题色

外形简单干净，搭配着亮丽出众的局部鲜艳色彩，不夸张而有质感的完美诠释。

(7) 群体主要诉求

受欢迎—流行的—新颖—令人想要—满足—明确—清楚—活力—精力—热忱；轻巧—有质感—价格实惠—环保—趣味—造型简洁。

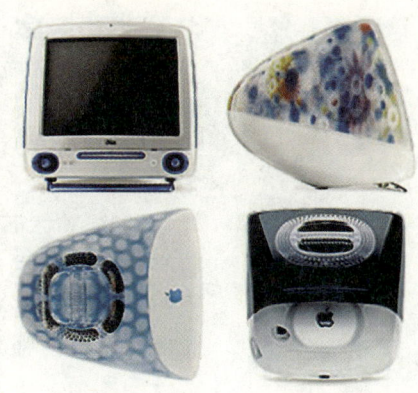

图6-16 年轻人喜爱具有时尚感的特殊配色

图6-17 年轻人喜爱产品配色出重，主题鲜明

3. 提出概念

（1）创造话题——宠物，是一个玩伴、是一种友谊、是一个玩具。

（2）创造话题——配件，你就是你所选择的？品位、流行、时尚。

（3）整体而言——外形简单干净，色彩明亮活泼，搭配着亮丽出众的局部鲜艳色彩，不夸张而有质感的完美诠释；同时，加入一些独有的小创意于外观上。整体而言，是清新脱俗，释放出强烈的科技未来感，外形较刚硬中性，整体设计干净利落，适合都市学生的个性。

（4）设计着手点、立足点——力求造型风格独特，人机操作、按键设计、表面处理、细节材质等几个方面为设计着手点。

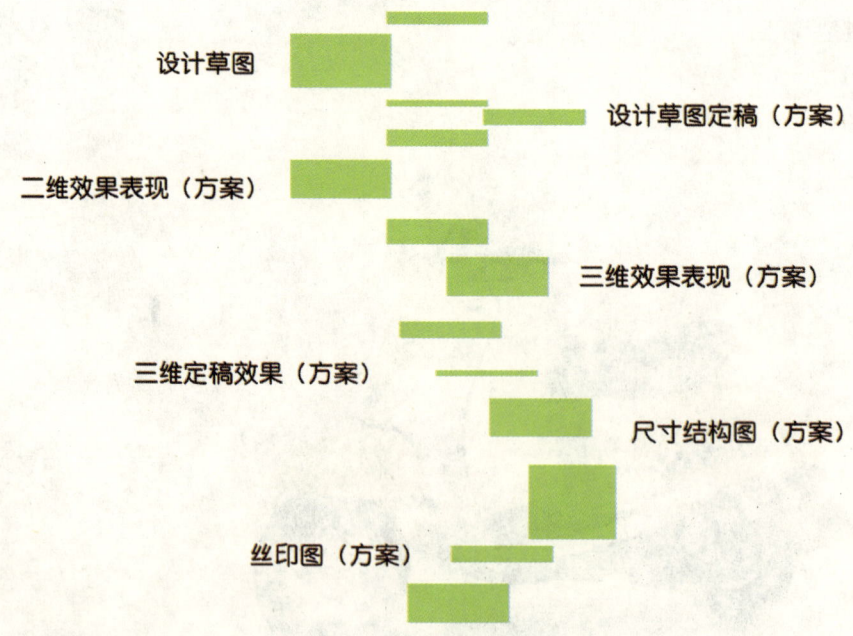

设计草图

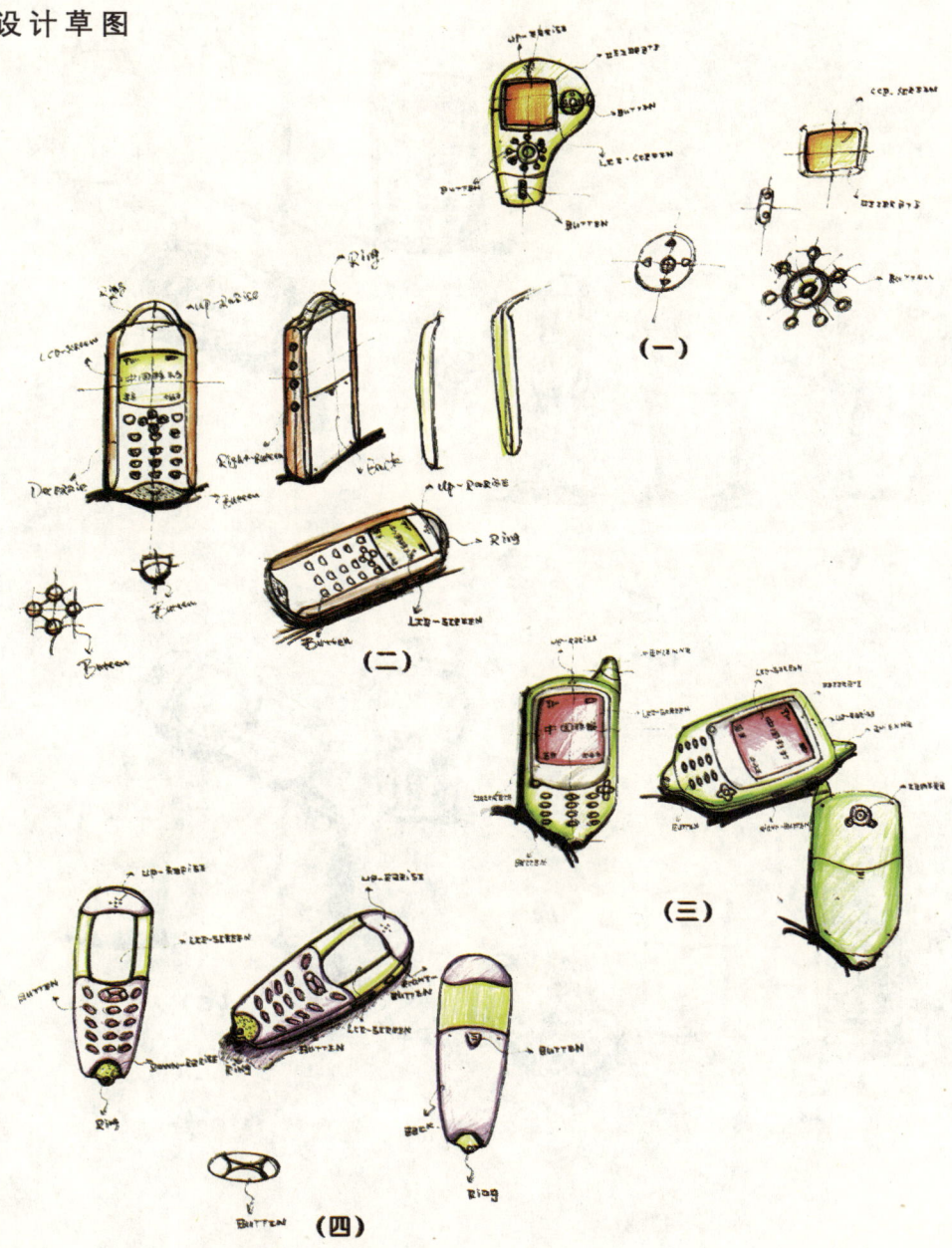

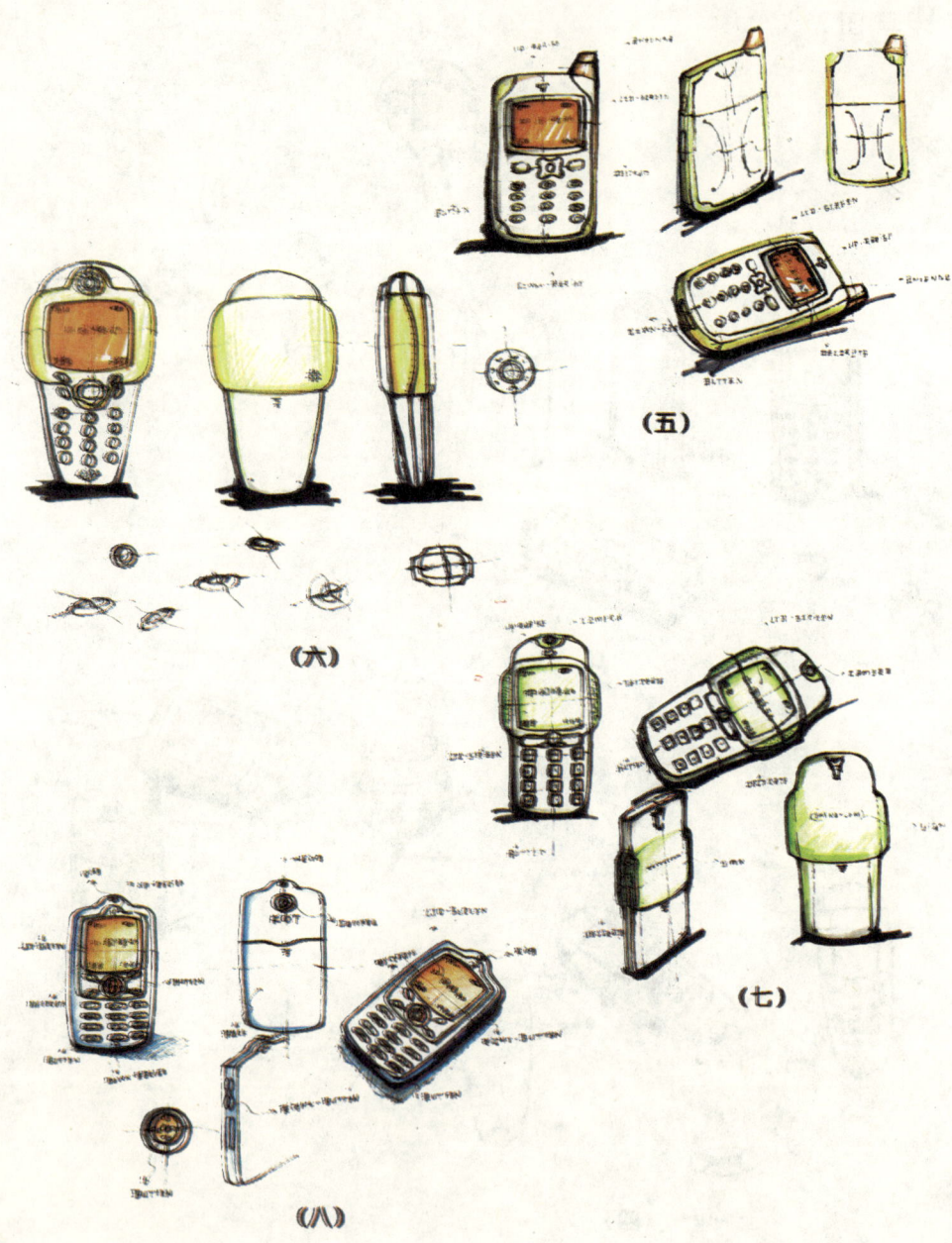

第六章 专题设计案例——学生手机设计

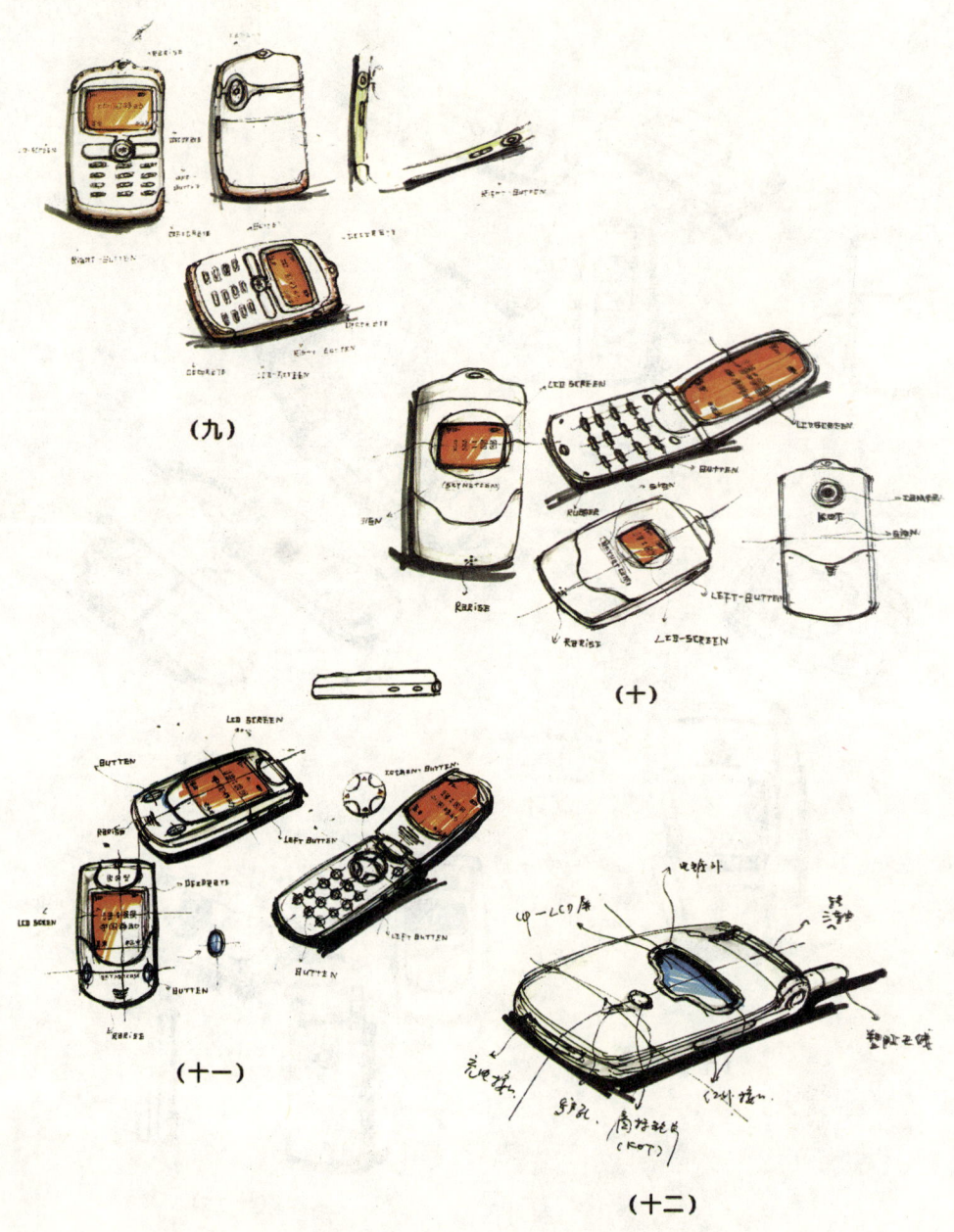

（九）

（十）

（十一）

（十二）

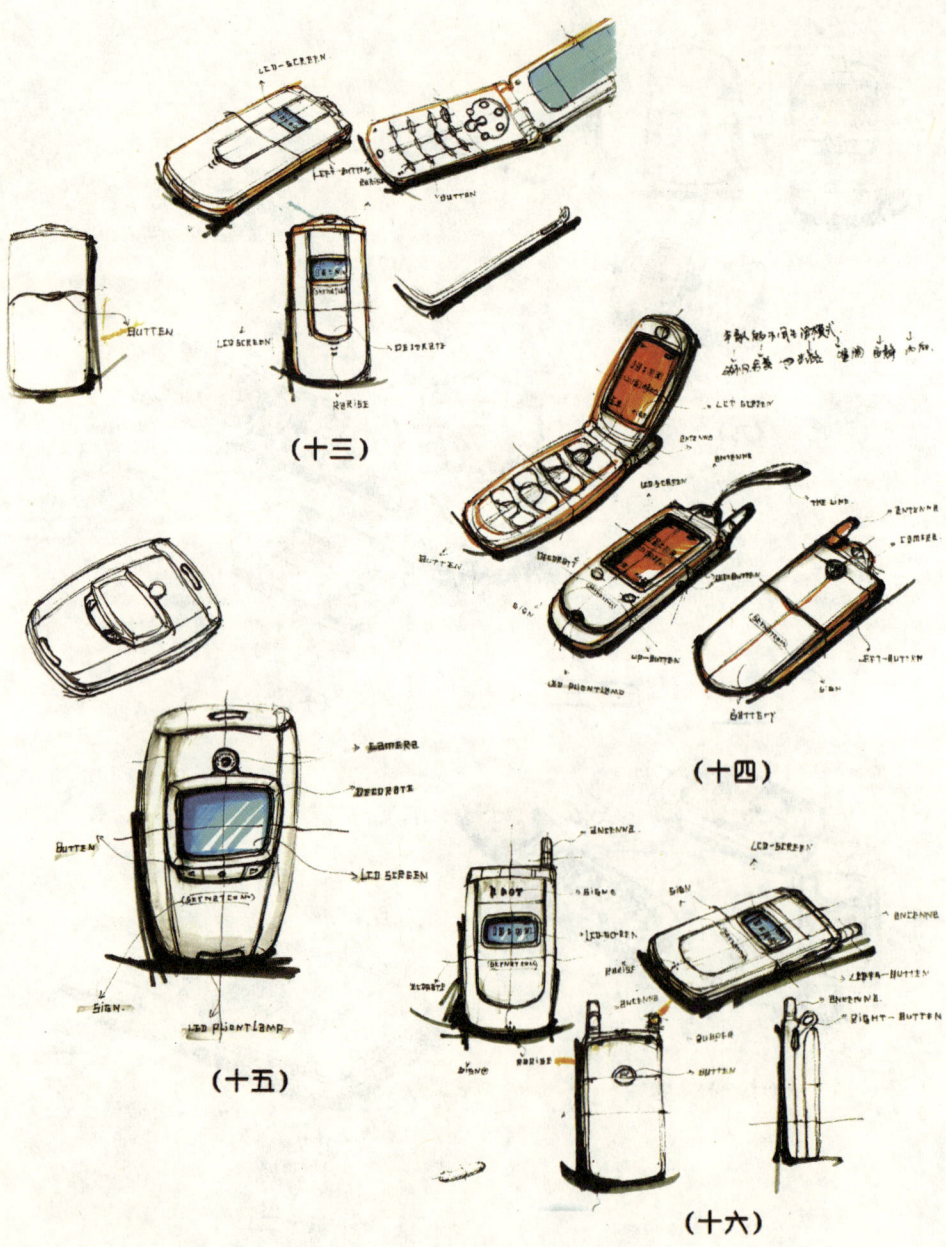

第六章 专题设计案例——学生手机设计

（十七）

135

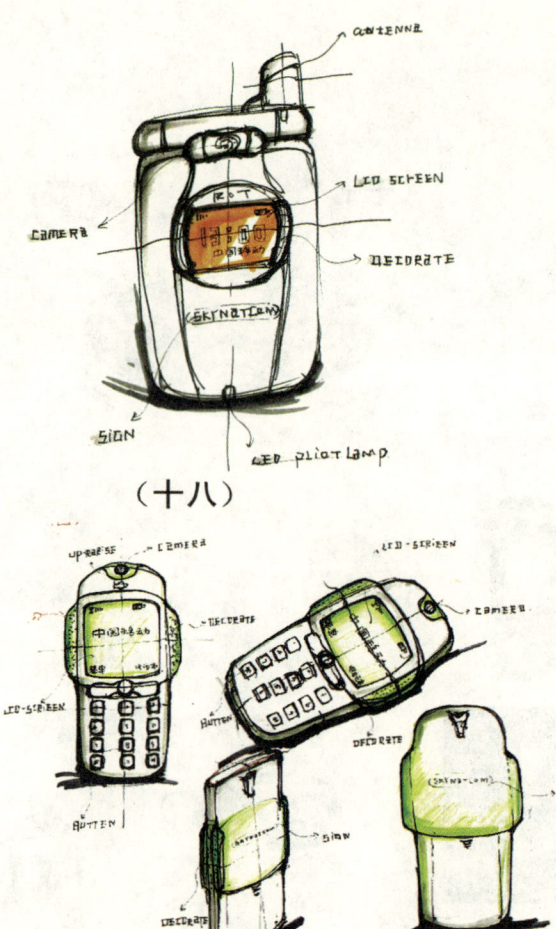

设计草图定稿

方案(一)分析

在十八个草图方案中选定第(七)个方案,这个方案的设计亮点就是用打破传统手机的保守、沉闷的外形,体现一种时尚的运动感,它最能体现这次设计的定位,接下来是对草图的继续探讨工作。

这个方案还有许多地方没有考虑周全,需要细细推敲,例如旁边的突出部分具体是怎么处理,是什么样的形式,背后又是怎么设计才合理,按键的样子和方式的细化等。

草图外形探讨

是为了寻找最佳的设计外形,使这个设计更加合理,更具有产品的感觉。通过不同的勾画,也出现了很多新的想法,这款手机在外形上有了很多新方向的探讨,可以最终确定草图方案。

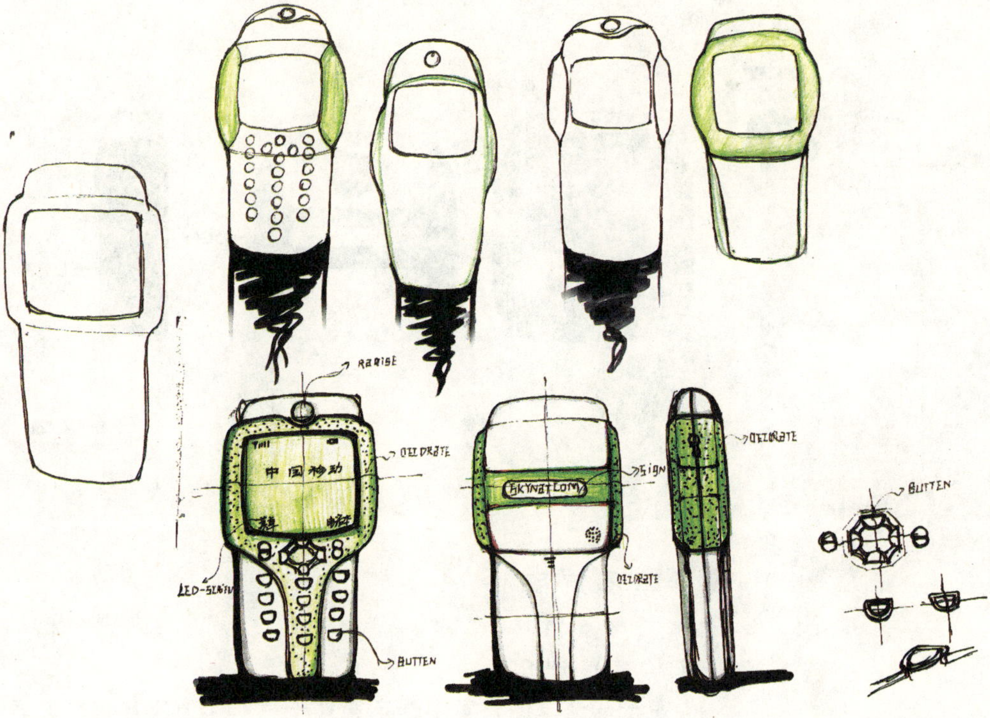

第六章 专题设计案例——学生手机设计

草模外形探讨

　　草模的制作是为了更好的掌握产品设计的外形比例和细节的推敲，为建模打好基础。

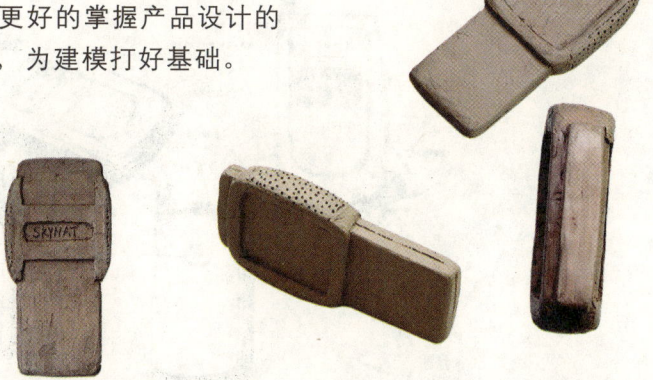

构思·策划·实现
Conceive·Plan·Perform

方案（一）二维表现

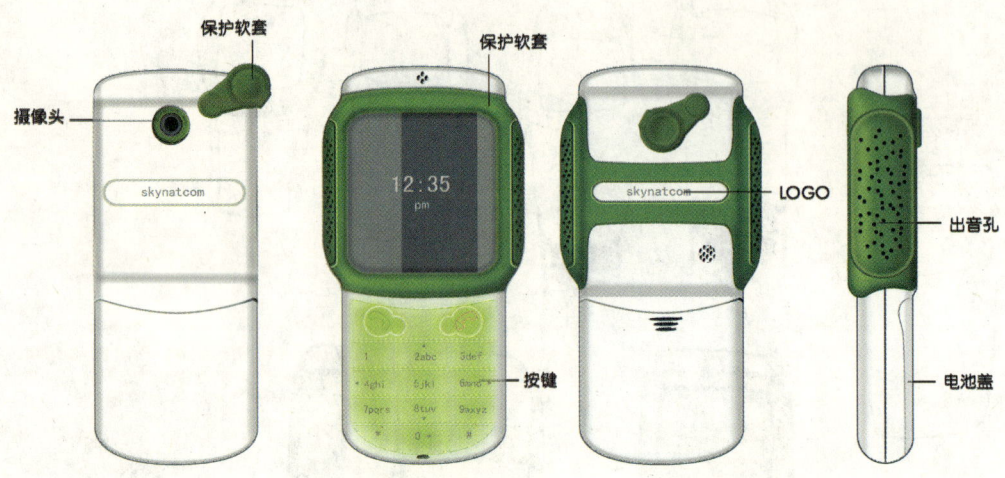

设计草图定稿

方案（二）分析

在十八个草图方案中选定第（十六）个方案，这个方案的设计具有双屏显示，内屏为彩屏，造型简洁具有日韩风格。在细节部分还需要深入设计和考虑。

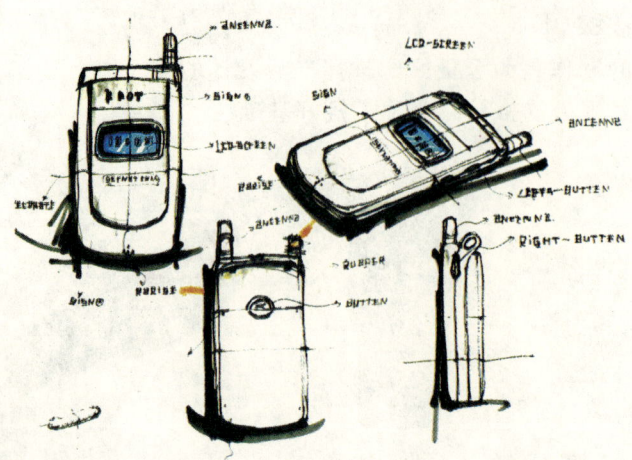

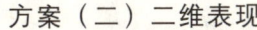

方案（二）二维表现

根据草图进行的修改，在表面做了一个装饰环，在环的右下脚安排的是摄像头的位置。

打开里面是一个较大的屏幕，按键的设计采用简洁的风格。

方案（三）分析

方案（三）二维表现方案

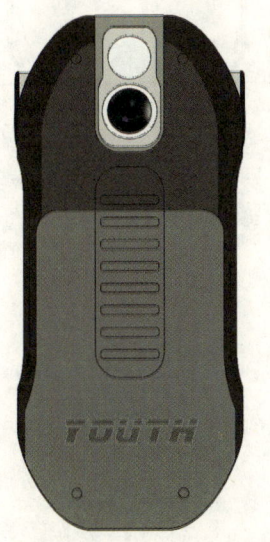

构思·策划·实现
Conceive·Plan·Perform

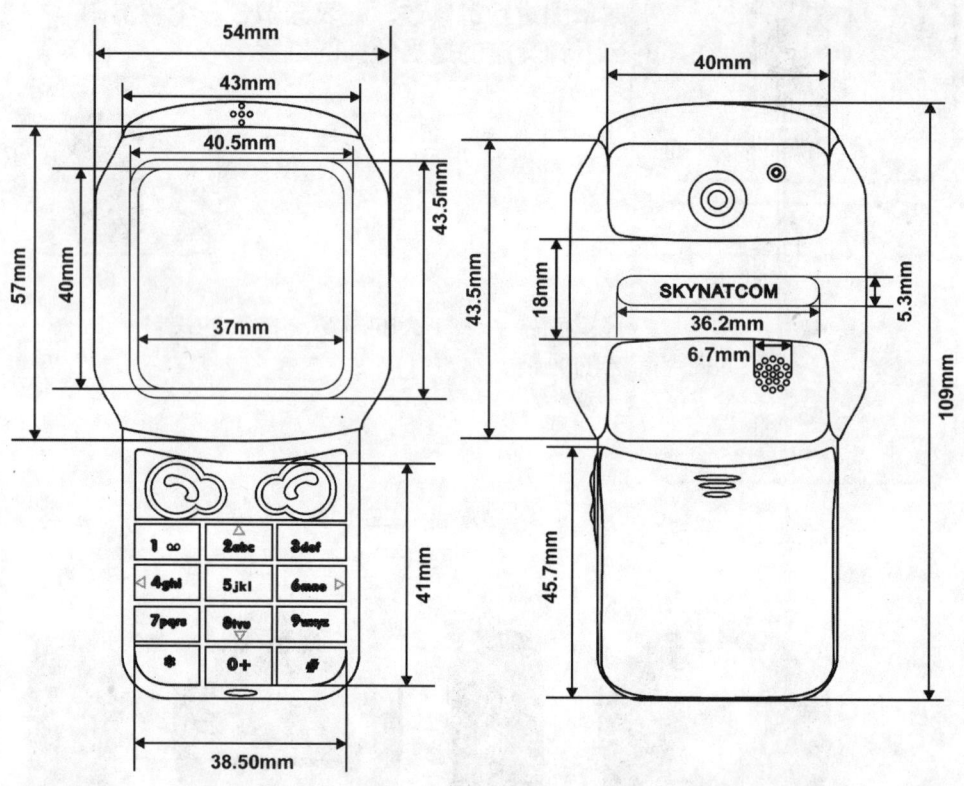

方案（一）尺寸结构图1

第六章 专题设计案例——学生手机设计

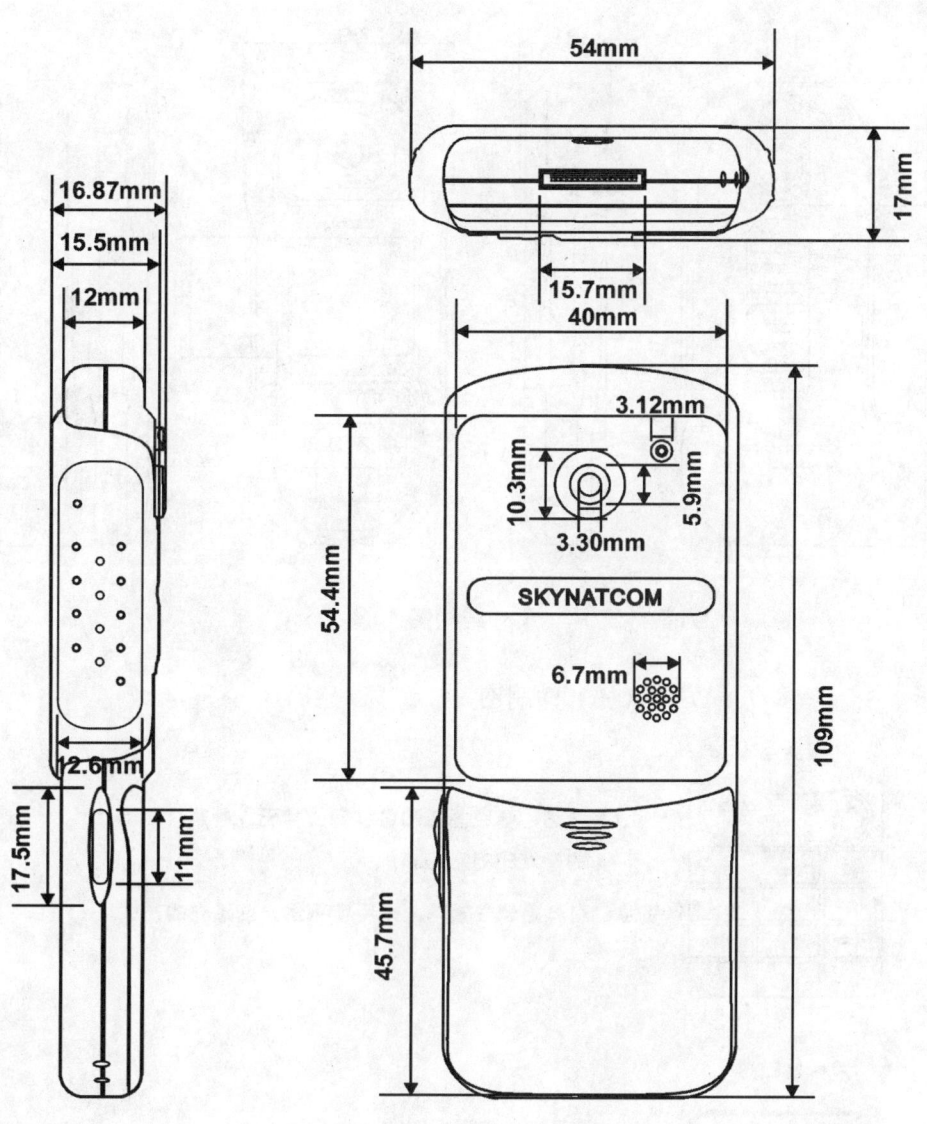

方案（一）尺寸结构图2

141

构思·策划·实现
Conceive·Plan·Perform

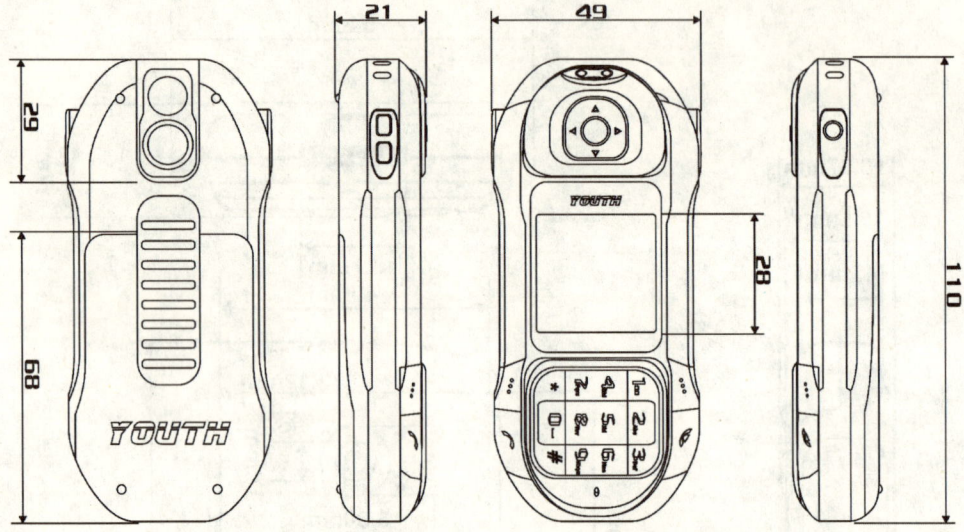

方案（三）　尺寸结构图

方案（一）印刷图

键盘丝印

通话、结束图标和数字键、字母，导航键采用的是丝印的方法。

键盘的材料是软性塑料，采用字不透光底透光的方式。

镜片丝印图

深灰色的边进行丝印

方案（二）印刷图

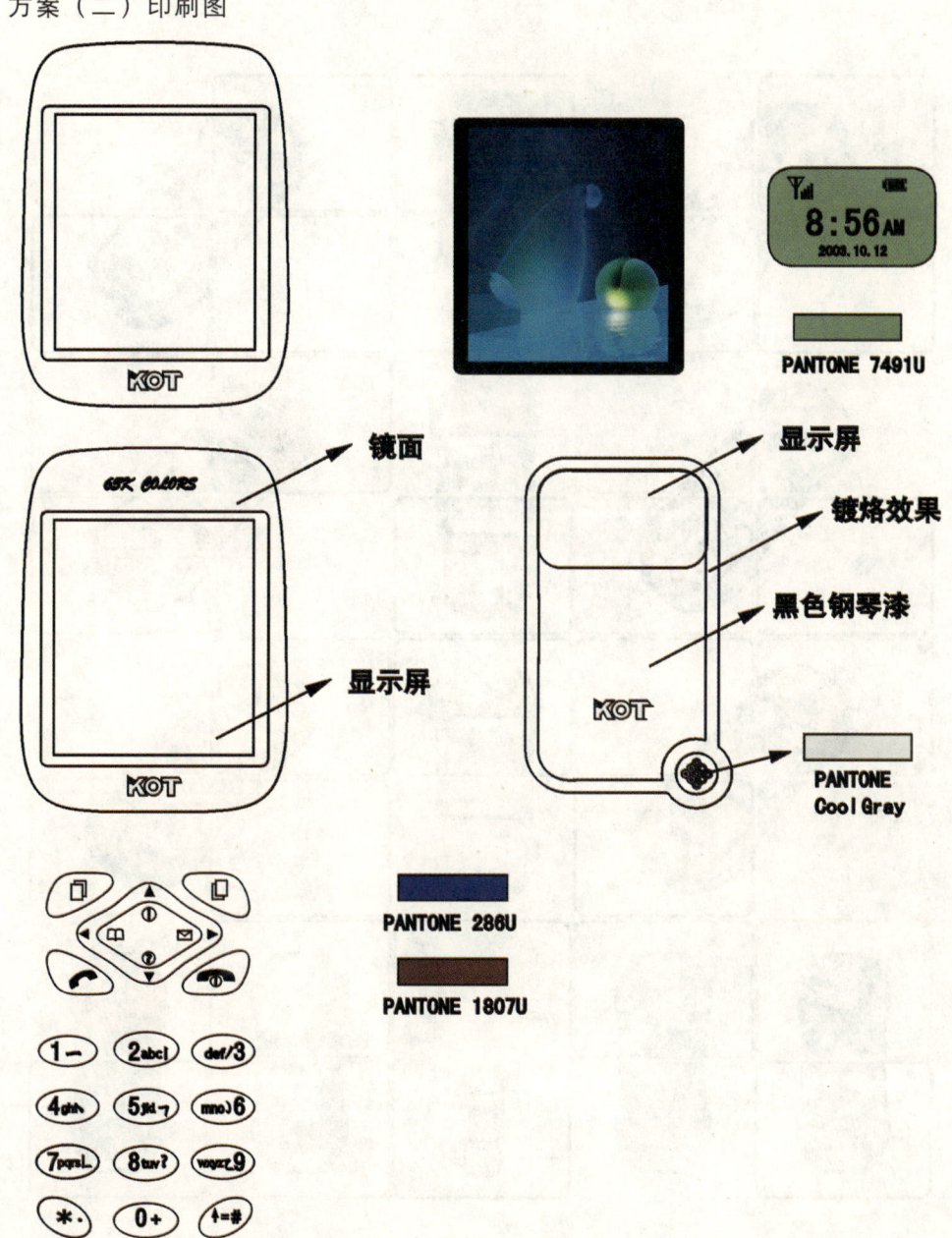

色彩方案

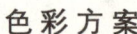

第六章 专题设计案例——学生手机设计

第四节 设计提案

设计提案（一）

这款手机设计就像是一个玩具，比较适合年轻学生，尤其是喜欢DIY动手制作的女生使用。

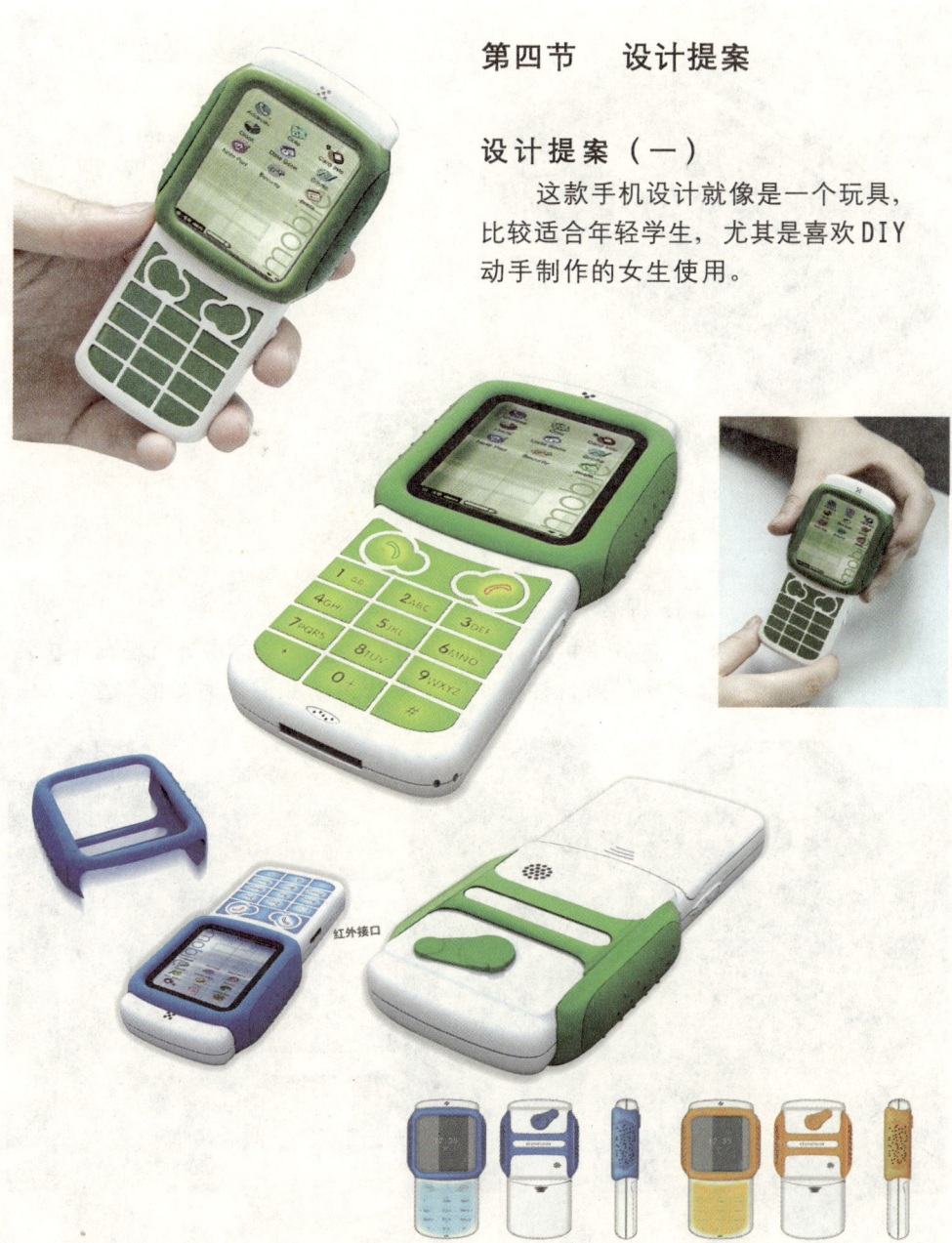

145

设计提案（二）

这款手机设计庄重而轻巧，注重内涵的表现，具有双重营销的开发价值。比较适合稳重的青年学生和其他性格内涵丰富的年轻人士使用。

设计提案（三）

这款手机设计强调了游戏功能，整体设计沉稳而不失活泼，比较适合性格明朗、喜欢运动和追求时尚的男生使用。

第六章 专题设计案例——学生手机设计

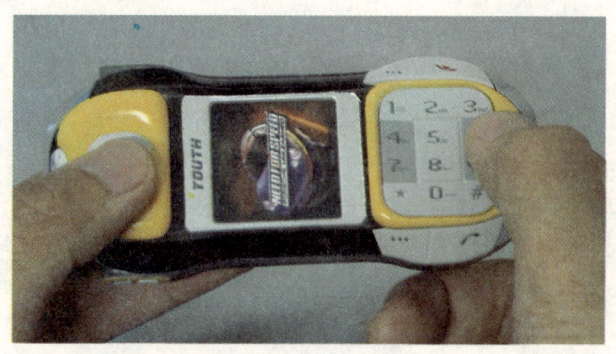

参考课时：6 课时

参考设计课题：

① 选择你身边一件熟悉的产品，进行改良设计。设计尽量多尝试用本书所介绍的创造方法来进行产品专题改良设计。

② 根据性别的分类，按男性或女性选择其中一类进行调查，经调查分析后确定某一新产品的开发设计。

名师点评：概念企划（设计感言）

东华大学艺术设计学院工业设计系主任　　吴翔副教授

　　无论是设计产品时，还是对产品品质进行评价时，我们总会将意识定位在"物"的层面上。的确，产品是以可触及的物质形态存在的。不管是设计的主体（设计者）还是设计的客体（使用者），都会不自觉地关注产品的物质属性。

　　然而，产品不过是功能的载体，消费者购买产品时是在购买产品的功能。当然，这里包含使用功能和精神功能。实现产品功能是产品设计的最终目的，而功能的承载者是产品的实体结构。产品的设计与制造过程中的一切手段和方法，实际上是针对依附于产品实体的功能而进行的。因此，作为消费者物质化地看待产品及其设计是极为自然的事情。但作为设计者却不可单纯地物质地看待产品的存在，而是要建立起这样一种意识和态度，即设计的意义不是物质的产品本身，而是隐含在产品背后的"故事"。设计者要编制和导演这些"故事"，驾驭"事"与"物"的关系，并使其具有良好的传达性。

　　实现这一过程的根本保证就是概念企划。

参考文献

1. 《产品创新管理——产品开发设计的功能成本分析》胡树华著.科学出版社.2000
2. 《IDEA物语》Kelly T著.徐锋志译.全球领导设计公司 IDEO 的秘笈.大块出版股份有限公司.2002
3. 《创造与评价的人文尺度——中国当代建筑文化分析与批判》徐千里.中国建筑工业出版社.2000
4. Stephen G.Brush,"Why was Relativity Accepted?" Phys.Perspect.1(1999)
5. 《艺术学概论》彭吉象著.高等教育出版社.2003
6. 《创造与评价的人文尺度》徐千里著.中国建筑工业出版社.2000
7. 《工艺与工业设计》朱淳主编.中国美术学院.上海书画院出版社.2000
8. 《产品设计与开发》美 卡尔·T·犹里齐、斯蒂芬·D·埃平格著.杨德林主译.东北财经大学出版社.2001

第七章 设计图例

构思·策划·实现
Conceive·Plan·Perform

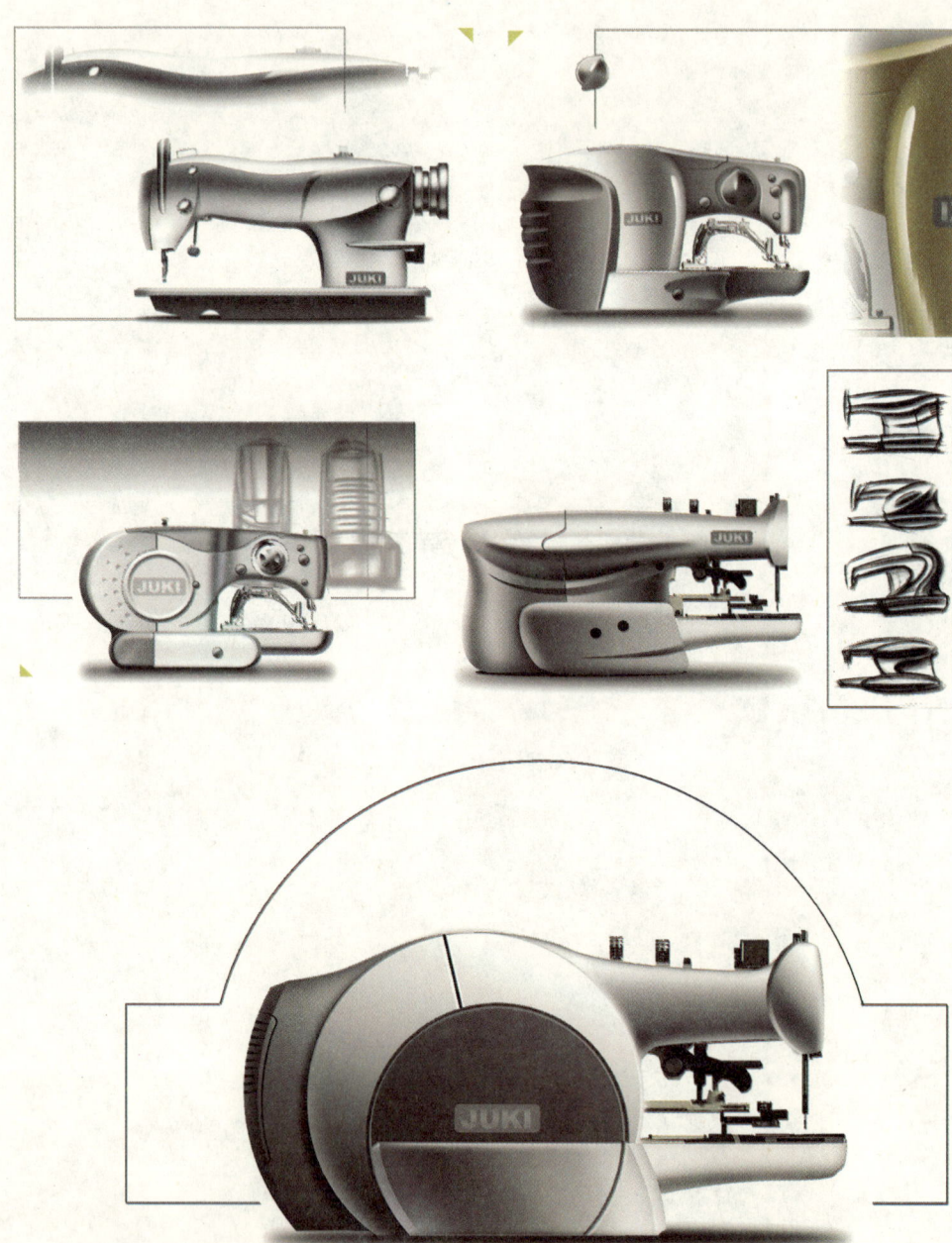

第七章 设计图例

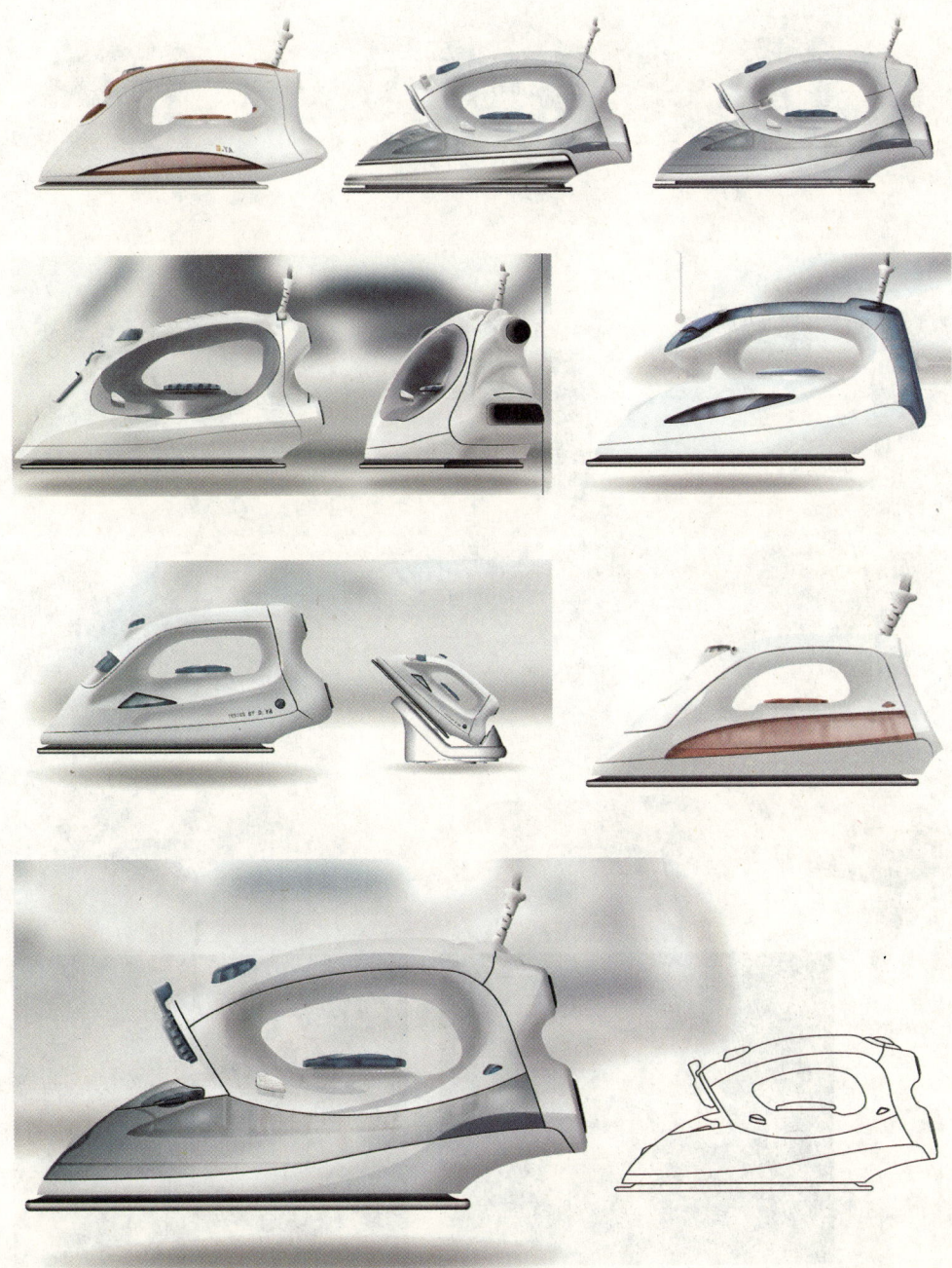

构思·策划·实现
Conceive·Plan·Perform

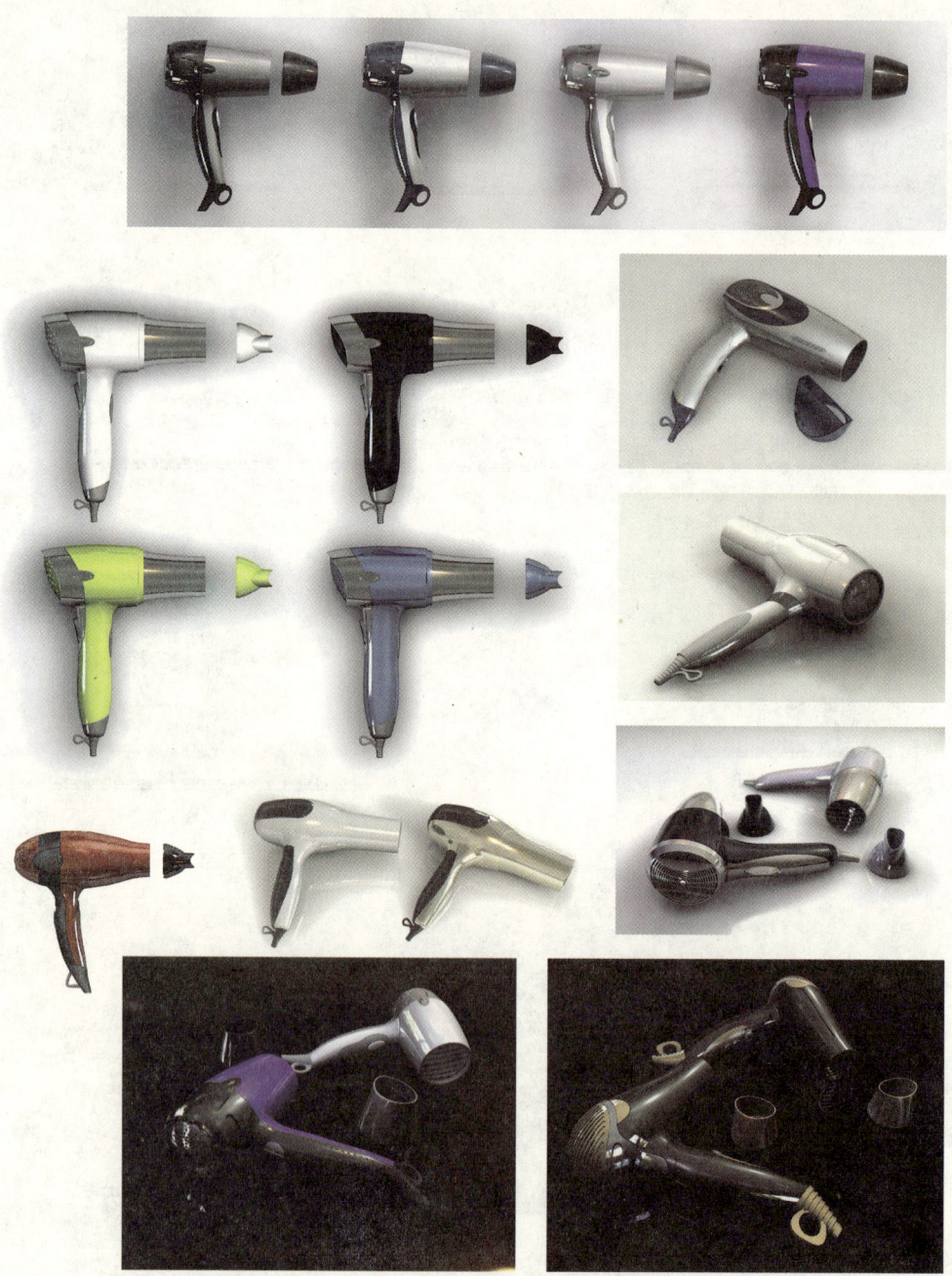

第七章　设计图例

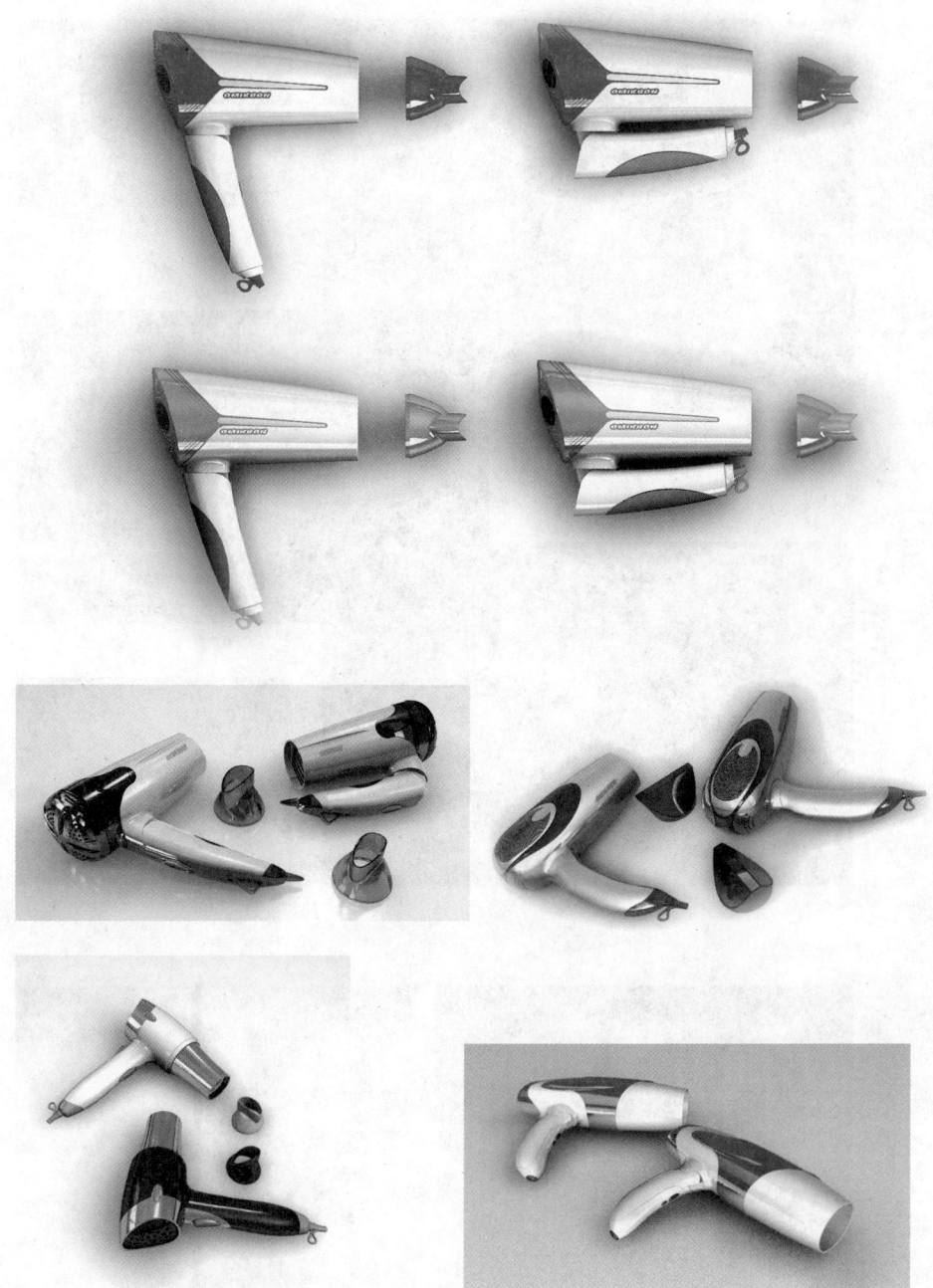

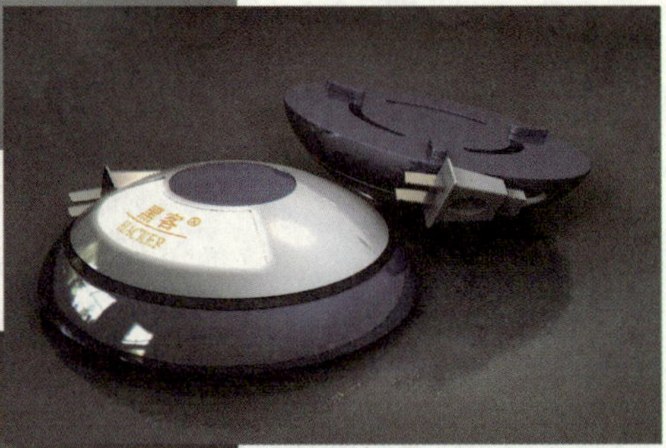

构思·策划·实现
Conceive·Plan·Perform

第七章 设计图例

构思·策划·实现
Conceive·Plan·Perform

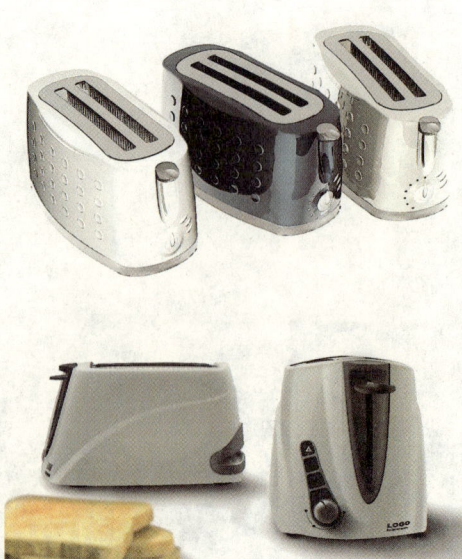

第七章 设计图例

构思·策划·实现
Conceive·Plan·Perform

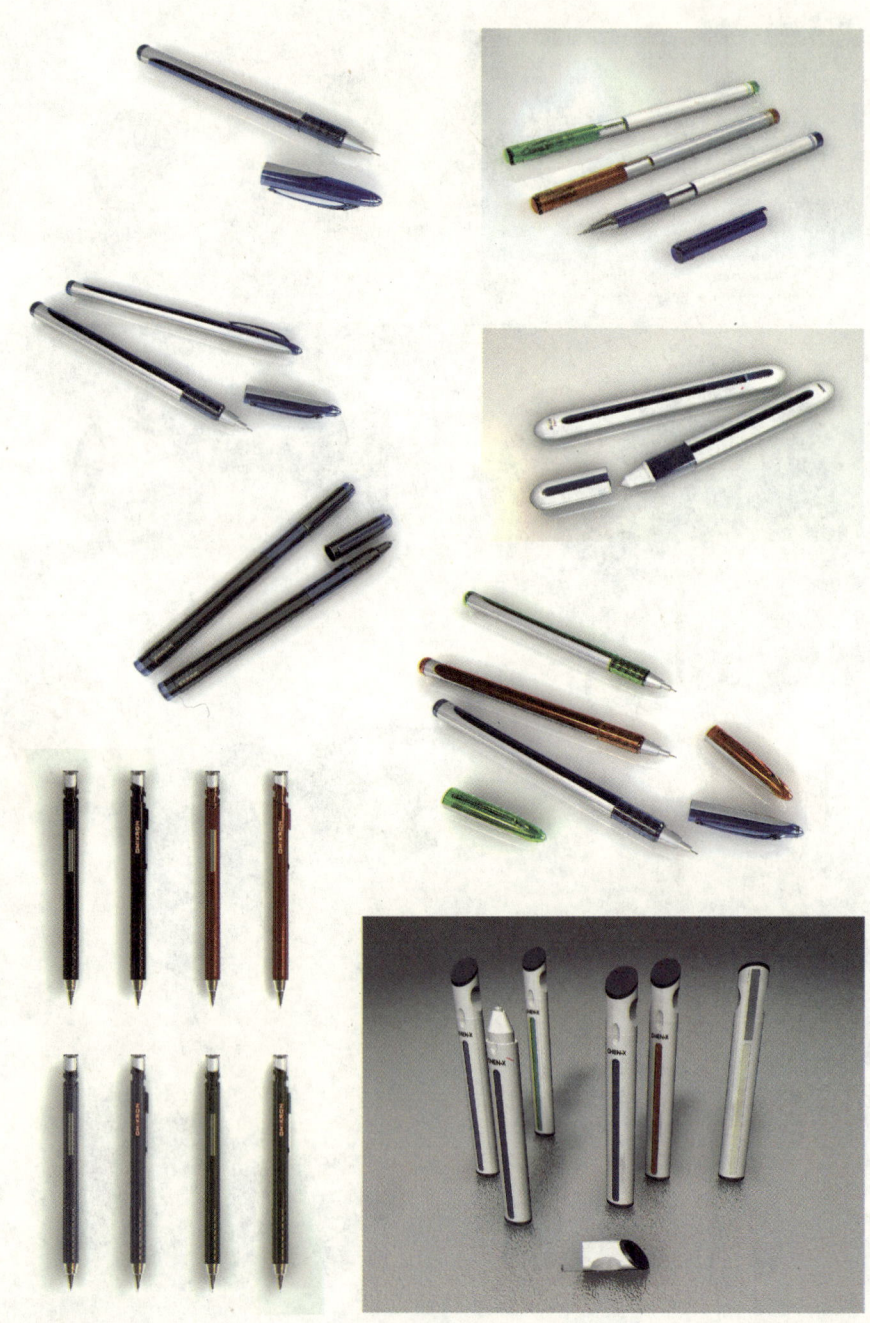

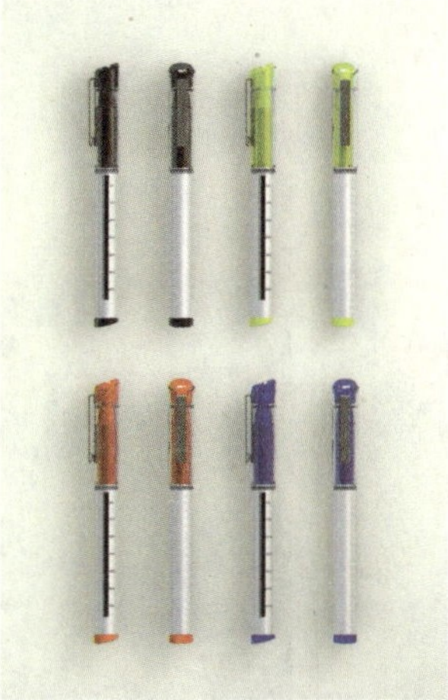

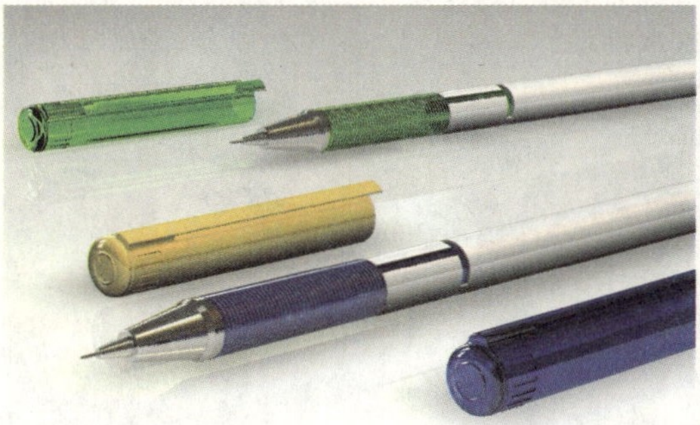

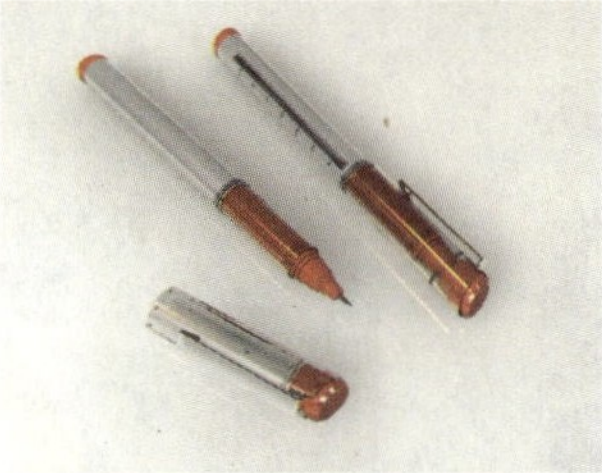

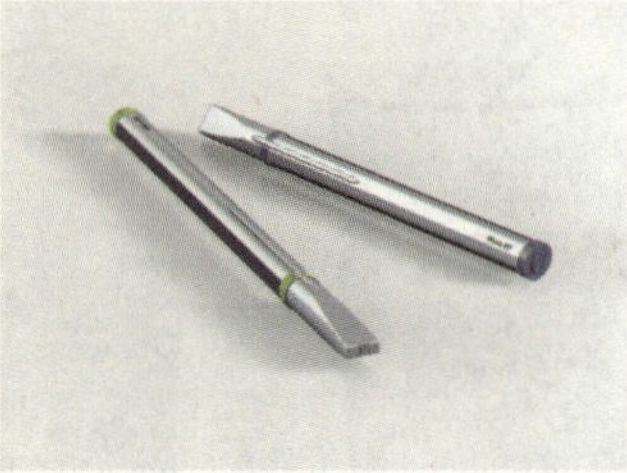

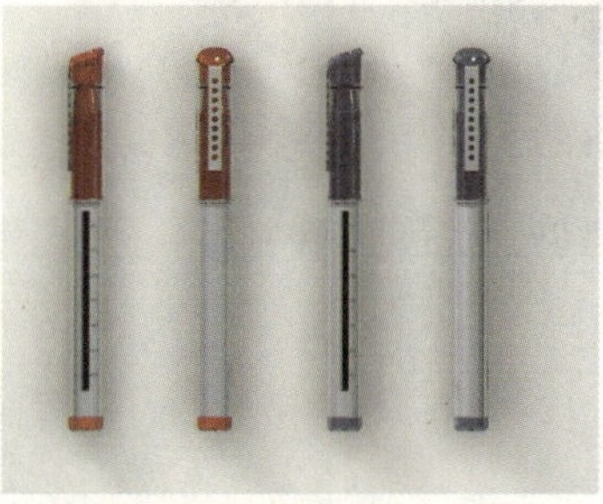

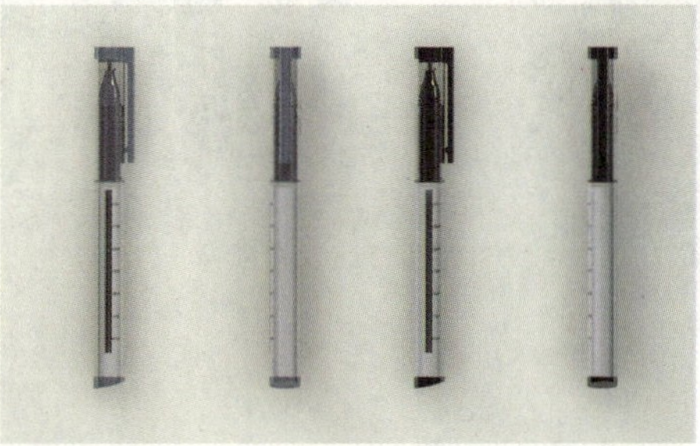

第七章　设计图例

构思·策划·实现
Conceive·Plan·Perform

饮水机设计 不锈钢材质

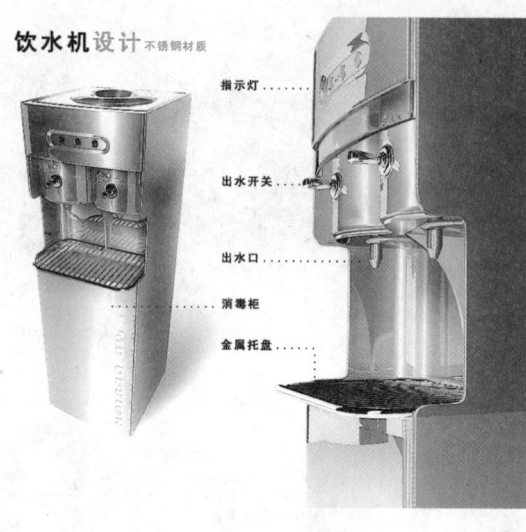

- 指示灯
- 出水开关
- 出水口
- 消毒柜
- 金属托盘